신들의 정원, 하늘길을 걷다

K2 트레킹

파키스탄 히말라야
- ➡ K2
- ➡ 낭가파르밧
- ➡ 가셔브럼1
- ➡ 브로드피크
- ➡ 가셔브럼2 & 훈자

K2 트레킹
신들의 정원, 하늘길을 걷다

1판 1쇄 : 인쇄 2014년 06월 05일
1판 1쇄 : 발행 2014년 06월 10일

지은이 : 유영국
펴낸이 : 서동영
펴낸곳 : 서영출판사

출판등록 : 2010년 11월 26일 (제25100-2010-000011호)
주소 : 서울특별시 마포구 서교동 465-4, 광림빌딩 2층 201호
전화 : 02-338-7270 팩스 : 02-338-7161
이메일 : sdy5608@hanmail.net

디자인 : 이원경

ⓒ2014유영국 seo young printed in seoul korea
ISBN 978-89-97180-38-7 13980

신들의 정원, 하늘길을 걷다

K2 트레킹

파키스탄 히말라야

- ➡ K2
- ➡ 낭가파르밧
- ➡ 가셔브럼1
- ➡ 브로드피크
- ➡ 가셔브럼2 & 훈자

2014 · 서영

Prologue

길 위에서 길을 묻다

파키스탄 K2 발토르 트레킹이 끝났다. 지나온 길이 내가 내 두 발로 걸은 길인지 벌써 아득하기만 하다. 발토르 빙하길은 이제껏 걸어본 길이 아닌 전혀 새로운 길이었다. 바위와 자갈, 빙퇴석으로 이루어진 나무 한 그루 없는 길은 그 자체로 인간이 가지고 있는 헛된 욕망을 내려놓으라고 하는 것 같았다.

하늘에선 따가운 햇볕이 내리쬐고 비오듯 흐르는 땀방울은 나에게 끝없는 인내를 요구했다. 그리고 쉼없이 질문을 하게 했다.

왜 이곳으로 왔는가? 무엇을 찾으려고 왔는가? 그러나 그 답을 들을 수는 없었다.

먼 옛날 구도를 찾아 나선 석가모니는 히말라야에서 설산 수행을 하면서 큰 깨달음을 얻었지만, 아직 미혹의 늪에서 헤어나지 못하고 있는 범부가 어떤 깨달음을 얻을 수 있었겠는가?

깨달음은 먼 곳에 있을지라도 내가 걸어가고 있는 길을 가지 않을 수 없는 게 현실이다. 인간이기에 짊어진 짐을 숙명처럼 지고 삶이 다할 때까지 가는 것이다. 그 길에서 넘어지고 생채기가 나더라도 다시 일어서서 가야 한다.

히말라야 트레킹은 길을 가지 않으면 안 된다는 걸 알게 한다. 잠깐 멈출 수는 있어도 그 길 위에서 계속 있을 수는 없다.

길을 걷다보면 평탄한 길도 있고 험난한 길도 있다. 누구나 평탄한 길을 걷고 싶지만 그럴 수만은 없다. 히말라야 트레킹은 그 길이 결코 나은 길이 아니라는 것을 일깨운다.

수차례 히말라야 트레킹을 하면서 내 자신의 길이 무엇인지 많이 생각했다. 하지만 그 길은 안개에 싸인 것처럼 보이지 않고 세월만 쉼없이 흐르는 물처럼 지나갔다.

작은 깨달음도 얻지 못했지만 그 시간이 아무런 의미도 없는 시간이라 할 수는 없으리라. 앞서 간 사람의 흔적을 따라 가듯이 뒤에 올 사람에게 작은 도움이 되었으면 하는 마음에서 책을 낸다. 이 자체도 욕망의 산물이지만 긴 시간 끝없는 인내를 한 나 자신에게 주는 작은 선물이라 생각하고 싶다.

오늘도 우리는 길을 간다. 그 길 위에서 내가 어디로 가고 있는지 묻는다. 그 답은 구하지 못하더라도 히말라야 트레킹은 자신을 사랑하고 이웃을 사랑하는 일이 무엇인지 깨닫게 할 것이다.

마음이 허허롭고 앞이 보이지 않을 때 그 길을 찾아 히말라야로 트레킹을 떠나보자. 힘든 길이지만 분명 값진 경험이 될 것이다.

거친 길 위에 있을 때는 걷고 싶지 않은 길이었으나 다시 편안한 일상으로 돌아오니 그 길이 그리워진다.

긴 시간 히말라야를 헤매어도 묵묵히 참고 기다려준 아내 남기선, 이 책이 나올 수 있도록 애쓴 한국경제신문 논설위원으로 있는 고두현 시인에게 큰 고마움을 전한다. 그리고 교정을 보며 수고를 한 남선생국어논술전문학원 이주미 선생, 조언을 아끼지 않은 경은정 선생과 조카 유수정, 그리고 멋진 책이 나올 수 있도록 한 서영출판사 서동영 대표께도 감사드린다.

- 유월의 별빛 아래에서, 유영국

Contents

3부 · 가장 먼 여행은 끝나지 않았다 _____

1부

꿈꾸는 트레커

K2 발토로 트레킹을 꿈꾸다

봄이다. 봄이면 먼저 떠오르는 건 히말라야의 맑은 하늘과 만년설에 뒤덮인 하얀 설산이다. 형언할 수 없는 그 푸른빛과 순백의 빛에 매혹되어 히말라야를 매년 찾았다.

해발 5,000m가 넘는, 사람이 살지 않는 히말라야 깊은 산속에서 '나'의 존재는 미미하다. 오로지 대자연의 품속에서 먼지 같은 '나'만 볼 뿐이다. 평소 살아오면서 싸우고, 미워하고, 조금이라도 더 가지려한 '나' 자신이 초라해 보인다.

추위와 고소로 인해 못 먹어 삐쩍 말랐지만 오히려 퀭한 눈은 빛나고 정신은 맑다. 많이 비우고 많이 버릴수록 더욱 더 맑다. 그런 '나'를 보며 세상 어떤 것보다도 가치 있는 '사랑'이 무엇인가를 생각한다. 그래서 히말라야 트레킹은 '순례길'이다. 그 길은 '고통의 길'이지만 그 길을 끊임없이 갈망하는 이유다.

2013년 4월 어느 날, 네이버 네팔 히말라야 트레킹 카페에 '파키스탄 K2 트레킹' 모집 글이 올라왔다.

40일이나 되는 긴 일정과 험난하기로 이름 높은 파키스탄 K2 트레킹이라 다음을 기약하며 애써 잊고 있었다. 그러나 시간이 흐를수록 그건 잊은 게 아니었다. 이번에 안 가면 후회할 것 같은 막연한 기분이 점점 크게 내 마음을 채우고 들어왔다.

대원 모집도 거의 끝난 6월 어느 일요일, 저녁을 먹고 아내에게 조심스럽게 K2 트레킹 이야기를 꺼냈다. 그동안 무려 7년이

나 매년 히말라야 트레킹을 했지만 40일을 비우는 건 처음이어서다. 한참을 생각하던 아내가 내 예상을 뒤엎고 다녀오라고 했다. 나는 눈을 크게 뜨고 놀란 입을 다물지 못한 채 아내의 손을 꼭 잡았다. 파키스탄 K2트레킹은 그렇게 시작되었다.

그러나 모든 준비가 착착 진행되어 가던 중 변수가 발생했다. 6월 23일 세계 9위봉인 파키스탄 낭가파르밧(8,125m) 디아미르 베이스캠프에 테러가 일어난 것이다. 탈레반이 낭가파르밧 등반을 준비 중인 대원 10명을 총기로 난사해 숨지는 참사가 일어났다. 테러가 잦은 파키스탄이지만 고산의 베이스캠프는 안전지대에 속한다. 그런 곳에서 일어난 사고라 긴장하지 않을 수 없었다. 가느냐, 마느냐하는 번민의 시간이 시작되었다. 하루에도 몇 번씩 왔다갔다 하는 마음은 어찌할 수가 없었다.

6월 29일 대둔산에서 남자 8명, 여자 4명의 신청자와 몇 년 전 K2 발토르 트레킹을 다녀와 이번 트레킹을 자문하는 '죽장망혜', '나비'님 등 14명이 모였다. 의견을 나눈 결과 예상외로 60대 한 분만 빼고 모두 다 간다고 했다. 나도 마음을 정하지 않을 수 없었다. 며칠을 고민하다 모든 걸 운명에 맡기기로 했다.

이번 트레킹을 기획하고 모든 행정적 절차를 맡고 있는 '피켈맨'님과 '마음애잔'님이 서류를 받아 파키스탄 대사관에 가서 비자 신청을 하는 등 마지막 수고를 아끼지 않았다. 그런데 K2 트레킹의 화룡점정에 해당하는 곤도고로라 고개를 넘을 때 필요한 퍼밋은 출발할 때까지 나오지 않았다. 얼마 전 발생한 테러로 곤도고로라 고개를 관할하는 파키스탄 군 당국이 룰을 변경해 퍼밋을 받는데 시간이 부족해서다. 퍼밋이 없으면 5,680m인 곤도고로라 고개를 넘어 후스팡으로 가지 못하고 올라 온 길을 다시 걸어 내려가야 한다. 결국 곤도고로라 퍼밋을 받지 못한 채 7월 28일 방콕을 경유하여 파키스탄 이슬라마바드로 가는 타이항공에 몸을 실었다.
　이미 눈앞에는 푸른 하늘 아래 만년설을 뒤집어 쓴 하얀 설산
이 어른거리고 있었다.

파키스탄 K2 발토르 트레킹 하는 길

파키스탄에 K2 발토르 트레킹을 하기 위해서는 준비해야 할 것이 많다. 먼저 비자를 받아야 한다.

일반적인 비자 받는 방법은 파키스탄 대사관 홈페이지(http://www.pkembassy.or.kr/kor)에 나와 있고 비자를 대행해주는 곳도 있다. 그리고 파키스탄 K2 트레킹 뿐만 아니라 히말라야 트레킹을 위한 네이버 카페 '네팔 히말라야 트레킹'(http://cafe.naver.com/trekking)이나 다음 카페 '야크존'(http://cafe.daum.net/yakzone)에 유용한 정보가 많다. 또 파키스탄 여행을 가려는 사람들이 많은 도움을 받는 '웰컴투 파키스탄'(http://cafe.daum.net/pakistantour) 카페에 들어가면 비자를 받는 것 뿐아니라 여행에 대한 유익한 정보도 만날 수 있다.

트레킹은 일반 여행과는 달라서 준비를 철저히 해야 한다. 카라코람 K2 발토르 트레킹은 사람이 살지 않는 곳을 트레킹 하는 것이므로 네팔 히말라야 롯지 트레킹 하듯이 할 수가 없다.

우리 팀은 한국 파키스탄 고산 원정대와 같이 일한 경험이 있는 서밋 카라코람과 계약하여 트레킹을 진행했다. 그들이 먹고 자는 기본적인 것은 다 준비한다고 하더라도 개인적인 장비며 각자 입맛에 맞는 음식 등을 꼼꼼하게 챙겨야 멋진 트레킹을 할 수 있다. 특히 수질이 너무 좋지 않기 때문에 간이 정수기 등을 가져가면 큰 도움이 된다.

다시 길 위에 서다

요즘 세상의 화두가 '느림'이다. 트레킹은 이 세상 어떤 길보다도 느리게 걷는 길이다. 빨리 가고 싶어도 빨리 갈 수가 없는 길이다. 히말라야에서 빨리 간다는 것은 아무 의미가 없다. 하늘과 구름을 벗 삼고 솟아오른 산들과 얘기하며 걷는 것이다. 그 '느림의 미학'을 느끼기 위해 다시 길 위에 섰다.

고산 트레킹의 최고봉 히말라야 트레킹, 그 중에서도 험난함을 자랑하는 K2 트레킹을 가기 위해서다.

그 길을 가는 일이 결코 쉬운 일은 아니다. 쉬운 일, 또는 쉬운 길이 어디 있겠는가? 그러나 뜻이 있는 곳에 길이 있듯이, 열망하면 그 길은 열리기 마련이다.

K2 발토르 트레킹은 시작하기까지도 많은 시간이 소요된다. 한국에서 방콕을 거쳐 오는데 이틀(비행기 시간을 잘 맞추면 하루만에도 온다), 이슬라마바드 하루 휴식, 중간 기착지인 스카르두까지 가는데 이틀, 스카르두 하루 휴식, 트레킹 시작지점인 아스콜리까지 가는데 하루, 트레킹의 첫 발을 딛기까지 모두 일주일 정도 걸리는 먼 길이다.

아스꼴리에서 출발하여 K2 발토르 트레킹만 하여도 또 2주는 잡아야 한다. 곤도고로라 고개를 넘어가면 일정이 줄어들지만 고개를 넘을 수 없는 경우도 생각해야 한다. 그리고 먼 파키스탄까지 왔으니 히말라야 산맥에 솟아있는 낭가파르밧 루팔 베이스캠프나 페어리메도우를 가지 않을 수 없다.

K2 발토르 트레킹은 카라코람 산맥에 솟아 있는 세계 2위봉 K2와 11위봉 가셔브럼1, 12위봉 브로드피크, 13위봉 가셔브럼2를 만날 수 있다. 그리고 K2 트레킹을 하고 난 뒤 히말라야 산맥의 서쪽 끝에 불꽃처럼 솟은 세계 9위봉 낭가파르밧 베이스캠프 트레킹을 할 수 있다.

그야말로 한번 방문으로 5개의 고봉을 만날 수 있는 세계 유일의 장소다. 지형이 험해 '최후의 트레킹'이라 불리는 이곳은 트레킹 매니아들이 꿈꾸는 코스다.

우리 팀은 한국을 출발할 때 10명이었다. 베트남 하노이에 사는 '하노이백수'님이 방콕에서 합류하여 11명이 되었다. 60대 남자 3명, 50대 남자2명 여자1명, 40대도 남자2명 여자1명, 30대는 아가씨만 2명으로 정말 다양한 연령층이 모인 드림팀이다.

60대는 세 사람이다. '마음애잔'님은 술을 즐겨한다. 배려심이 많고 산을 하루라도 안가면 몸이 근질거리는 분이다. '부리바'님은 춘천에서 건설업을 하는데 말없이 동료도 챙기고 히말라야 트레킹뿐 아니라 고산 등반도 하는 트레킹 매니아다. 베트남에 사는 '하노이백수'님은 닉네임과는 달리 베트남에서 큰 사업을 한다. 또 풍부한 유머로 우리를 즐겁게 만들었다.

50대는 나와, 이번 트레킹을 기획한 '피켈맨'님으로 둘 다 50대 중반이다. '피켈맨'님은 젊었을 때부터 암벽등반을 계속해왔고, 히말라야 트레킹뿐 아니라 메라피크(6,476m) 등반도 한 베테랑이다.

또 다른 50대인 '늘푸른나무'님은 전남 광주에서 온 아주머니다. 잠시라도 입을 닫고 있으면 몸에 병이 난 걸로 알아야 할 정도로 다변이다. 지리산, 설악산 등을 뒷동산 가듯 다닌다. 히말라야 트레킹을 3개월이나 하고도 더 하고 싶어 하는 트레킹 매니아이며, 없는 양념으로도 뚝딱 음식을 만드는 한국 아줌마다.

40대도 3명이다. '올리브'님은 40대 초반 여성으로 키가 크다. 파키스탄 호텔에서도 수영장을 찾을 정도로 수영매니아이며 선수급 실력을 갖고 있다. '피켈맨'님과는 아주 각별한 관계로 새로운 가정을 설계하고 있었다. '새벽산행'님과 '닭알'님도 40대 초반이다. 둘 다 총각이다.

30대 아가씨 '설악아씨', '릴리슈슈' 두 분과 천생연분이라고 놀리곤 했는데 그래서인지 '새벽산행'님과 '설악아씨'님은 연인 관계로 발전하여 동반자로 나아갔다. '새벽산행'님과 '닭알'님은 어쨌든 40대 총각으로 부모님 속을 태우지만 자신의 일을 하면서 세계 곳곳을 여행하고 있다. 히말라야 트레킹에 매료돼 안나푸르나뿐 아니라 마나슬루, 칸첸중가 등 오지를 트레킹하는 멋쟁이들이다.

30대 '설악아씨'님은 늘씬한 키에 시원시원하게 잘 생긴 미모로 왜 이제껏 남자들이 안 데려갔을까 궁금증을 자아냈다. 학원 강사도 하고 프리랜서로 생활하고 있으며, 마칼루 트레킹과 메라피크 등반도 가뿐하게 한 강철 체력의 소유자다. '릴리슈슈'님은 바람이 불면 날아갈듯 한 연약한 몸매를 가졌으면서도 혼자 에베레스트 베이스캠프 트레킹을 다녀올 정도로 강단이 있다. 이번 발토르 트레킹도 자신의 속도로 말없이 진행하는 보기와는 정반대로 내공이 강한 초등학교 선생님이다.

이처럼 이번 팀은 네팔 히말라야 트레킹 경험이 풍부하고 6,000m가 넘는 산을 오른 사람도 몇 명이나 있었다. 파키스탄 K2 발토르 트레킹을 올 정도로 실력이 있는 사람들이었다.

서로의 개성이 뚜렷하지만 서로에 대한 이해와 배려하는 모습이 아름다운 팀이다.

트레킹 장비를 챙기다

일반적인 등산 장비에 몇 가지만 더하면 히말라야 트레킹을 즐길 수 있다. 이번 K2 트레킹은 캠핑트레킹이라 에이전시가 텐트, 매트리스, 취사도구와 쌀 등 음식물을 준비했다. 하지만 개인 장비나 옷은 각자 알아서 챙겨야 한다.

이번 트레킹을 위해 고어텍스 재킷, 윈드스토퍼 재킷, 폴라플리스 재킷, 구스다운 점퍼, 폴라플리스 셔츠, 보온 내의, 등산 양말, 동계용 등산 바지, 춘하계용 등산 바지, 장갑, 모자, 버프 등을 챙겼다. 그리고 침낭은 히말라야 트레킹을 다니기 시작하면서 다나 침낭의 '골드익스피디션'을 애용하고 있는데 만족하고 있다. K2 발토르 트레킹을 위해서는 성능 좋은 에어메트리스가 있으면 편안한 잠을 잘 수 있으므로 준비하는게 좋다.

트레킹을 즐겁게 하기 위해 간식도 챙겨야 한다. 각자가 평소 좋아하는 군것질거리를 챙기지만 영양도 생각하여 에너지바 등도 준비하면 기력이 달릴 때 도움을 받을 수 있다. 그리고 미숫가루나 누룽지 등도 입맛이 없을 때 식사대용으로 요긴하다. 된장이나 고추장, 김치 등은 에이전시가 준비하는지 체크하고 본인이 좋아하는 밑반찬은 따로 가져가는 게 좋다.

운행 장비로는 발이 편한 등산화를 준비해야 한다. 샌들도 가져가면 쉴 때 발이 편하다. 그리고 스틱과 아이젠, 헤드랜턴도 필요하다. 물론 선글라스와 선크림은 필수다. 우리는 곤도고로라 고개를 넘을 걸 대비해 하네스, 헬멧 등 암벽장비도 준비했지만 곤도고로라 퍼밋이 나오지 않아 사용할 기회를 갖지 못했다.

2부

신들의 정원을 가다!

2013.07.29
파키스탄에서 첫날밤을 맞다

비^{행기} 시간 관계로 태국 방콕에서 하룻밤을 묵고 2013년 7월 29일 파키스탄 이슬라마바드행 비행기에 몸을 실었다.

비행기 안 풍경이 낯설다. 무슬림들이라 복장부터 얼굴에 난 수염까지 눈에 익지 않았다. 외국인은 거의 보이지 않고 대부분이 파키스탄 사람들이다. 치안이 불안한 곳이라고 보도가 많이 되어서인지 생각보다 관광객이 많지 않았다. 얼마 전 일어난 낭가파르밧 베이스캠프 테러도 큰 영향을 미쳤을 것이다.

파키스탄의 수도 이슬라마바드에 도착하니 늦은 밤이었다. 방콕에서 5시간 걸렸다. 공항이 많이 낡아 보였다. 세계 최고 공항인 인천공항과 태국 수완나품 국제공항을 본 후 이슬라마바드 공항을 보니 더 초라해 보였다. 파키스탄의 현실을 보는 것 같았다.

비행기에서 내려 짐을 찾아 밖으로 나오니 뜨거운 열기가 훅 피부를 파고들어 열사의 땅에 온 걸 실감할 수 있었다.

이번 트레킹을 책임질 서밋카라코람 익발 사장이 웃음 띤 얼굴로 우리를 맞았다. 콧수염을 멋지게 기른 익발 사장은 눈이 크고 유머가 풍부한 사람이었다. 곤도고로라 고개를 넘으면 나오는 캉데가 고향이다. 직원들을 그 지방 출신으로 고용해 고향사람들에게 존경을 받는 것 같았다. 같이 온 직원들이 낡은 승합차에

짐을 싣자마자 우리가 묵을 호텔로 출발했다.

넓은 도로 위를 자동차가 쌩쌩 달렸다. 택시는 초소형차인 '티
코'급이었고 도로 위를 오토바이 택시 버스 승합차 등 온갖 탈 것
들이 다 같이 달렸다. 이방인의 눈에는 무질서한게 히말라야트레
킹 가서 본 네팔의 첫인상과 비슷했다.

네팔은 안나푸르나베이스캠프 트레킹을 위해 2006년 10월 처
음 갔다. 대한항공 직항이 다니지 않을 때라 방콕에서 환승을 했
다. 처음 네팔 카트만두 트리뷰반 공항에 내렸을 때 기억이 아직
도 선명하다. 낡은 공항 청사를 나가자 수많은 사람들이 우리를
기다렸다. 짐을 들어 주려는 사람, 택시를 잡아주려는 사람들로
인산인해였다. 일자리가 없어 그렇게라도 호구지책을 마련해야
한다는 것이다. 국민들을 그렇게 만든 '정치'에 분노하고 '가난'에
대해 많은 생각을 한 기억이 새롭다.

북새통 같은 공항을 빠져나오면 거리는 온통 오물투성이였고
자동차 매연으로 숨쉬기조차 힘들었다. 도로 위에는 소, 말, 자
전거, 오토바이, 자동차 등이 뒤엉켜 서로 먼저 가려고 난리도 아

니었다. 그 와중에 자동차는 쉼 없이 클랙슨을 울려댔는데 그 소리가 얼마나 큰 지 머리가 아팠다.

그러나 파키스탄 이슬라마바드는 히말라야 트레킹의 중심지인 네팔 카트만두보다는 훨씬 정돈돼 있고 깨끗했다. 국민소득의 차이만큼 나라가 발전해 있어서일 거라는 생각이 들었다.

우리가 탄 승합차가 호텔에 도착했다. 3성급 호텔로 호텔도 공항처럼 낡았고 객실의 침대시트도 깨끗하지 않았다.

파키스탄은 종교 분쟁 등으로 테러가 자주 일어나 치안이 불안하다. 그래서 관광객이 많이 오지 않을 뿐 아니라 외국인 투자도 잘 이뤄지지 않는다. 발전이 더딘 이유다. 한 나라의 발전이 이루어지려면 무엇보다 정치적 안정이 우선돼야 하지 않을까 하는 생각이 들었다.

후텁지근한 파키스탄에서 들뜬 마음으로 첫 밤을 맞았다.

2013.07.30

사람 사는 곳은 어디나 비슷하네

일찍 눈을 떴다. 파키스탄과 한국과의 시차는 4시간으로 이곳이 우리보다 4시간 늦게 해가 뜬다. 새벽 4시에 일어나도 한국 시간으로는 아침 8시다. 시차적응이 안 된 상태라 신체 리듬상 한국시간에 맞춰 일어난 것이다.

일어나자마자 와이파이가 되는지 휴대폰을 열심히 켜 보았는데 비밀번호로 잠겨있었다. 프런트로 내려가 비밀번호를 물어보니 돈을 내라고 했다. 그래서 문자로 아내에게 안부를 전했다. 와이파이를 크게 쓸 일도 없어 돈을 내지 않았지만 호텔에서 와이파이를 유료로 쓰게 하는 게 이해가 되지 않았다.

토스트로 간단하게 아침식사를 하고 이슬라마바드 시티투어에 나섰다. 내일 스카르두까지 타고 갈 미니버스를 타고 호텔을 출발했다. 이슬라마바드는 인더스 강 상류인 펀자브지방 북부에 새로 건설된 계획도시로 1967년 1월에 그 때까지의 수도 라왈핀디를 대신해 수도가 됐다. 좀 높은 곳에 올라가 도시를 내려다보면 반듯하게 구획돼 있어 계획도시라는 것을 느낄 수 있다.

아직 오전이라 햇빛이 강하지 않았다. 사우디아라비아 왕이 이슬람 형제 국가인 파키스탄을 위해 건설한 파이잘 사원으로 갔다. 이 사원은 사우디왕의 이름을 따서 파이잘 모스크. 천장이 일반적인 형태인 둥근 돔형의 모스크가 아니고 삼각형이었다. 둥근 돔형 모스크만 보아서인지 각이 진 천장이 이채롭게 느껴졌다.

기도하기 위해 사원에 들어가려는 몇몇 사람들만 보일뿐 관광객은 보이지 않았다. 신발을 벗어 바구니에 담아두고 맨발로 모스크 안으로 들어갔다. 같이 온 여자 일행들은 차도르를 하지 않아 들어가지 못했다. 엄격한 이슬람의 나라에 온 것을 느낄 수 있었다.

파이잘 사원을 천천히 걸으며 종교에 대해 생각했다. 생명을 가진 모든 존재는 행복을 원하고 종교란 모든 인간의 행복을 소망하는데 종교로 인한 갈등이 심각한 이유는 무엇일까? 경건함이 느껴지는 파이잘 모스크를 둘러보며 종교가 삶에 큰 영향을 미치고 있음을 피부로 느낄 수 있었다. 이슬람 신자가 아니면 기도실 안으로는 들어갈 수 없어 바깥만 천천히 둘러보았다.

파이잘 모스크를 나오자 어느새 점심시간이었다. 익발 사장이 중국 음식을 먹자며 중국식당으로 안내했다. 파키스탄과 중국의 사이가 좋아서인지 중국 식당이 곳곳에 있었다. 중국인이 진출하지 않은 곳이 없다더니 파키스탄도 예외는 아니었다.

식당 안은 뜨거운 바깥과는 달리 에어컨이 돌아가 시원했다. 기름에 튀기고 볶은 중국 음식이 낯설지 않았다. 다들 음식이 짜다고 한마디씩 했는데, 이 더운 나라에서 살려면 흘리는 땀만큼 짜게 먹어야 하는 지혜가 담긴 음식 같았다.

점심을 먹고 재래시장으로 갔다. 시장 안은 정말 엄청나게 많은 인파가 몰려다녔다. 우리나라 남대문 시장이나 동대문 시장처럼 사람들로 발 디딜 틈이 없었다. 파키스탄 재래시장도 우리 재래시장과 크

게 다르지 않았다. 서로 필요한 물건이 달라 파는 물건만 다를

뿐이었다.

　한국을 출발할 때 파키스탄은 테러가 잦고 사람들도 무뚝뚝하고 무서울 거라는 선입견이 있었다. 그런데 예상 밖으로 상인이든 주민이든 친절했다. 사진을 찍는데도 거부감을 보이지 않고 오히려 환한 미소를 지으며 카메라 앞에 섰다. 사진을 찍어 보여 주면 엄지손가락을 치켜세우며 좋아했다. 우리가 이슬람 국가에

대해 많은 편견을 갖고 있다는 생각이 들었다.

   땀으로 범벅이 된 채 복잡한 시장 순례를 마치고 승합차를 타
자마자 세찬 소나기가 퍼부었다. 이슬라마바드는 대륙성 기후
에 연간 강우량이 900mm 정도이다. 우리나라 연평균 강우량이
1,235mm이고 세계 평균 강우량이 880mm이니 비가 적은 곳은
아니다. 세차게 내리는 비를 맞으며 우산을 쓰고 가는 사람, 자
전거를 타고 가는 사람, 오토바이를 타고 가는 사람, 아무렇지도
않게 걸어가는 사람 등 각양각색이었다.

   이슬라마바드 투어를 마치고 호텔로 돌아와 본격적인 트레
킹 준비를 했다. 개인 장비를 점검하고 서밋 카라코람 익발 사장
과 마주 앉았다. 그런데 이번 트레킹의 가장 중요한 요구 조건
중 하나인 곤도고로라 고개를 넘을 때 꼭 필요한 퍼밋이 아직까
지 나오지 않았다. 익발 사장이 우리가 곤도고로라 고개를 넘기
전까지도 퍼밋이 나온다는 확신을 못하고 있었다. 파키스탄 군
당국에서 관할하는 것이라 그도 확답을 할 수가 없다는 것이다.

이야기가 앞으로 나아가지 못하고 빙빙 맴돌았다. 그래서 더 열심히 퍼밋을 받으라는 뜻에서 일단 총 경비의 80%만 지불하고 트레킹이 끝난 뒤 20%를 주기로 했다. 서로 고도의 협상력을 발휘해 짜낸 아이디어였지만 트레킹이 끝나고 돌아갈 때 이게 문제가 될 줄은 아무도 몰랐다.

어쨌든 내일 새벽 이슬라마바드를 떠날 준비를 하기 위해 방으로 들어가 카고백을 꾸렸다.

카라코람 K2 발토르 트레킹은 어떤 모습을 보여줄까? 마음이 들떠서인지 잠자리에 들어도 잠이 오지 않았다.

파키스탄

파키스탄의 정식 국가 명칭은 파키스탄 이슬람 공화국(Islamic Republic of Pakistan)이다. 서쪽으로 이란, 아프가니스탄, 북쪽으로 힌두쿠시, 카라코람의 양 산맥을 사이에 두고 중국, 동쪽으로 인도와 국경을 접하고, 남쪽으로는 아라비아해에 접한다.

1971년에는 동파키스탄이 방글라데시로 분리 독립하였고, 독립 당시부터 카슈미르 지역을 둘러싸고 인도와 영토분쟁을 벌여왔다.

파키스탄은 우르드어로 '청정한 나라'라는 뜻이다. 영국 식민 시절에 이슬람교도의 이익 옹호와 이슬람교 국가 건설을 도모했던 분리 독립운동의 명칭이기도 하다. 행정구역은 4개주, 1개 자치주, 1개 수도주로 되어 있다.

파키스탄의 국토 면적은 796,095㎢로 한반도의 약 3.5배이다. 인더스 강을 축으로 남북의 길이는 1,600㎞이며, 동서의 길이는 885㎞이다. 인구는 2011년 기준으로 1억 7,710만 명으로 세계 6위다.

수도는 이슬라마바드(Islamabad)이며, 이슬라마바드 인구는 170만 명이다. 파키스탄 최대의 도시는 카라치(Karachi)로 인구는 2,000만 명이나 된다. 민족은 아리안족(서북부와 펀자브주), 드라비다족(남부), 터키아리안족 외에 터키인, 페르시아인, 아랍인들의 혼혈족으로 구성되어 있다.

파키스탄의 국교는 이슬람교이며 국민의 97%가 이슬람교도(수니파 77%, 시아파 20%)이다. 그 외의 종교로는 힌두교와 기독교가 있다. 언어는 우르두어로, 우르두어는 전국적으로 통용되는 공용어이다.

파키스탄은 모든 공공문서에 영어를 사용한다. 또한 펀자브(Punjab) 지방에서는 펀자브어, 신드(Sindh) 지방에서는 신드어, 발루치스탄(Baluchistan) 지방에서는 발루치어, 물탄(Multan)과 바하왈푸르(Bahawalpur) 지방에서는 세라이키(Saraiki)어, 북서 변경 지방에서는 파슈토(Pashto)어를 사용한다. 2010년 기준으로 문맹률은 57.7%이다.

파키스탄은 1947년 8월 14일 영국으로부터 독립했다. 국경일은 3월 23일인데 이 날은 파키스탄 데이(Pakistan Day)로 파키스탄 이슬람 공화국이 창설된 것을 선포한 날이다.

정부 형태는 내각책임제이고 의회는 상원과 하원으로 구성된 양원제이다.

상원은 총100석이며 임기는 6년이고, 매 3년마다 2분의 1을 선거로 선출한다. 하원은 342석이며 임기가 5년이다.

파키스탄은 미국, 중국과의 관계를 중시한다. 군사력은 2011년을 기준으로 육군, 해군, 공군을 모두 합쳐 총 61만 7천명이다. 화폐단위는 루피(Rupee)이다. 주요자원은 면화, 쌀, 천연가스, 석탄 등이다.

회계연도 2010년 7월 1일~2011년 6월 30일을 기준으로 국내총생산(GDP)은 2,041억 달러이며, 1인당 국민총생산(GNP)은 1,254달러이다. 수출은 254억 달러로 주요 수출품은 원면, 가죽, 쌀, 합성섬유, 스포츠용품 등이다. 수입은 357억 달러이며 주요 수입품은 기계류, 원유, 화학제품, 자동차, 식용유, 철강 등이다.

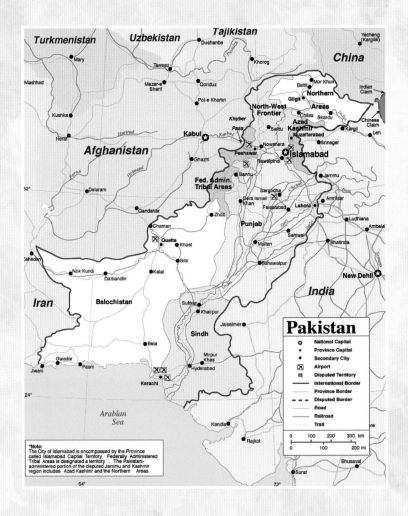

종교가 갈라놓은 인도 - 파키스탄 - 방글라데시

1947년 영국으로부터 독립하기 전까지 인도, 파키스탄, 방글라데시는 하나의 인도였다. 흔히 인도를 종교의 나라라고 한다. 인도의 종교분포는 대략 힌두교 81%, 이슬람교 13%, 시크교 2.4%, 기독교 2.3%, 불교 0.8%, 자이나교 0.4%다. 불교의 발상지가 인도지만 인도의 불교신자는 1%도 안된다.

기원전 317년께 찬드라굽타에 의해 인도 최초의 통일 국가인 마우리아 왕조가 서고 제3대 아소카 왕이 즉위한 후 불교는 비약적으로 팽창하여 카슈미르와 간다라 지방을 비롯한 인도 각 지역과 스리랑카, 미얀마까지 전파됐다. 특히 스리랑카에는 아소카 왕이 그의 아들 마힌다를 보내 불교를 전파했다. 그러나 8세기 중반 인도 불교가 힌두교의 신들과 거의 같은 성격을 갖게 되면서 인도에서는 쇠퇴했다.

인도에서 불교가 소멸된 대신 불교는 남방 아시아의 스리랑카, 미얀마, 태국과 중앙아시아의 여러 나라, 북방아시아의 티베트, 중국, 한국, 일본 등 아시아 전역으로 전파되었다. 그곳에서 각 지역의 토착 문화와 융합하여 다채로운 종교 문화를 이룩하며 꽃을 피웠다.

인도에서는 불교가 쇠퇴한 후 다신교인 힌두교가 성행하다가 이슬람교를 믿는 무굴제국이 들어서면서 이슬람의 지배를 받았다. 16세기 초반에서 19세기 중엽까지 인도 지역을 통치한 이슬람 왕조(1526~1857)가 무굴제국이다.

인도는 이렇게 다양한 종교 변화를 겪으면서 종교로 인한 다툼이 많은 나라가 되었다. 알라를 유일신으로 믿는 이슬람교와 세상 만물을 신으로 섬기는 힌두교는 융합하기 쉽지 않았다.

무굴제국이 멸망하고 인도는 영국의 지배를 받게 되었다. 영국은 두 종교의 다툼을 이용한 교묘한 식민통치 정책을 펼쳤다. 이슬람교와 힌두교 간의 종교 갈등이 영국의 식민 지배를 받으면서 더욱 커지게 된 것이다. 그게 원인이 되어 인도와 파키스탄으로 나뉘게 되고 뒤에 방글라데시도 파키스탄으로부터 분리 독립했다. 하나의 민족도 종교로 인해 분열될 수 있다는 것을 보여주는 예라 하겠다.

2013.07.31

칠라스의 밤은 뜨겁다

트레킹을 시작한다는 설렘으로 이른 새벽에 일어나 짐을 챙겨도 피곤하지 않았다. 3시 기상 모닝콜을 하는데도 2시쯤 일어나 부시럭거렸다.

우리 일행 11명과 서밋 카라코람 익발 사장을 태운 미니버스가 먼동도 트기 전인 새벽 4시, 소리 없이 호텔을 나왔다. 스카르두까지는 장장 이틀을 달려야 하는 먼 거리다. 비행기로는 40분이면 가지만 대부분 육로로 간다. 험준한 카라코람 산맥의 바람은 비행을 쉽게 허락하지 않아서다.

스카르두까지 안내할 미니버스 운전기사의 수염이 아주 길었다. 대부분의 파키스탄 남자들은 길든 짧든 수염을 기르고 있었

다. 무슬림 남자들이 수염을 기르는 것은 그들의 전통이자 관습으로 남성미의 상징이기도 하다. 또 수염을 잘 기르고 다듬어 보호할 때 은혜를 받는다고 믿는 그들의 문화다.

우리가 탄 미니버스는 에어컨이 잘 나오는 일본 도요타 새 차였다. 파키스탄 도로를 달리는 차는 새 차, 중고차, 버스 할 것 없이 거의 모든 차가 도요타였다. 일본이 파키스탄 깊숙이 들어와 있다는 걸 알 수 있었다.

후텁지근한 도시를 벗어나 한참을 달리니 해가 뜨고 날이 밝아왔다. 어제 본 이슬라마바드의 하늘은 흐렸지만 도시를 벗어나 오늘 보는 하늘은 맑았다.

우리가 스카르두로 가기 위해 달리는 이 길이 카라코람 하이웨이다. 카라코람 하이웨이는 우리가 생각하는 고속도로와는 많이 다르다. 거친 카라코람 산맥의 산허리를 깎아 만든 길로 인더스 강줄기를 따라 오른다. 험로를 많이 가 본 사람도 정신이 번쩍 들 정도로 아찔한 길이다.

옛날 이 험준한 길을 신라의 고승인 혜초스님이 걸었고 고구려 출신의 당나라 장군인 고선지 장군이 호령했던 길이기도 하다. 이

런 길을 내가 간다는 생각을 하니 괜스레 기분이 좋아졌다.

차가 달리는 길가에 농토를 일굴 정도의 땅만 있으면 농사를 짓고 있었다. 이런 곳에서 어떻게 살까 싶은데도 사람이 살고 아이는 길거리를 활보했다.

아직까지 고도가 많이 높지 않아서 산과 들에는 푸른빛이 넘치고 있었다. 산을 끼고 계곡으로 흐르는 인더스 강물만 잿빛이었다. 풀 한포기 없는 민둥산의 토사를 쓸고 내려온 흙탕물인 강물은 해발 5,000m가 넘는 발토르 빙하에서 고도를 급격하게 낮추기 때문에 급하게 흐르고 있었다. 거칠게 휘몰아치는 강물은 모든 살아있는 것을 단숨에 분해해버릴 듯이 세찼다. 카라코람 하이웨이에 부는 바람도 산과 강을 닮아 거칠었고 솟아오르는 열기는 숨을 멎게 했다.

한참을 가자 경찰이 차를 세웠다. 지금부터는 테러가 잦은 위험지대로 들어가기 때문에 무장 경찰이 우리를 호위한다고 했다. 이슬라마바드에서 북쪽으로 200km정도 떨어진 비샴에서 칠라스(Chilas)까지는 파키스탄 탈레반의 근거지이기 때문에 치안이 불안하다. 그래서 경비가 삼엄한 곳인데 얼마 전 낭가파르밧 디아미르 베이스캠프에 발생한 테러 때문에 경비가 더 삼엄했다.

산허리 길을 17시간 달리고 달려 칠라스에 도착했다. 칠라스는 사막 같은 풍광에 숨이 턱 막힐 정도로 뜨거운 열기를 내뿜고 있었다. 그 열기가 얼마나 뜨거운지 에어컨 실외기 앞에 선 것 같았다. 40도를 웃도는 찜통 같은 더위 때문에 운전사도 낮잠을 자지 않고는 못 간다는 곳이 칠라스다.

에어컨이 없는 호텔은 샤워를 해도 뜨겁기는 마찬가지였다. 늦은 저녁을 먹고 나오는데도 숨이 턱턱 막힐 정도로 후끈거렸다. 소주 한 잔으로 피로를 풀고 싶었지만 자동차 위에 묶어둔 짐을 풀지 못해 그냥 씻고 휴식을 취하고 있는데 '하노이백수'님이 양주 한 잔 하자고 했다. 술 좋아하는 우리 팀 형님들과 간단하게 한 잔씩 나누고 에어컨도 없고 선풍기만 도는 방에서 잠을 청했다.

아슬아슬한 길 위에서 난 무엇을 느꼈는가?

사막의 열기가 느껴지는 칠라스의 밤이 더 뜨겁게 다가왔다.

카라코람 하이웨이

카라코람 하이웨이(KKH)는 일반적으로 생각하는 고속도로(Express High Way)가 아니라 고도가 높은 도로(High Altitude Way)라는 뜻이다.

해발 3,000~5,000m 높이에 난 하늘과 맞닿은 길로 중국에서는 중파공로(中巴公路)라고 한다. 사람이나 말이 간신히 지날 수 있는 좁고 가파른 길을 중국과 파키스탄이 양국 간의 교역로로 활용하고자 건설을 시작했다.

파키스탄의 이슬라마바드(Islamabad)에서 중국의 신장 카슈가르(Kashgar)까지 뻗어나간 카라코람 하이웨이는 총길이 1,284km에 왕복 2차선으로 20여 년의 공사기간을 거쳐 1980년대 초에 완공됐다. 험준한 산악 지형을 뚫어 만든 길로 공사기간 동안 3천여 명이 사망했다고 한다. 특히 난공사 구간인 쿤제랍 패스(4,974m)에서는 '피의 고개'라는 이름처럼 수많은 사상자를 냈다. 이 쿤제랍 패스를 당나라 현장 법사와 신라 고승 혜초 스님이 죽은 사람의 뼈를 이정표 삼아 넘었다고 한다.

2013.08.01

사막 같은 카라코람의 푸른 들판, 스카르두

샤워하고 선풍기를 틀어놓아도 방안이 후끈거려서 밤새 잠을 설쳤다.

캄캄한 새벽 4시, 칠라스를 출발했다. 먼동이 트기 전인데도 황량함이 피부로 느껴졌다.

히말라야의 높은 산맥을 비구름이 넘지 못해 일 년 내내 거의 비가 내리지 않는 곳을 '비그늘' 지역이라 한다. 네팔 안나푸르나 '마낭'지역과 '어퍼 무스탕' 지역이 비그늘 지역이다. 칠라스도 그곳처럼 사막 같은 기운이 느껴졌다.

황량한 비그늘 지역인 어퍼 무스탕 트레킹을 2007년에 했다. 안나푸르나 라운딩을 하면 토롱라(5,416m)를 넘어 만나는 큰 마을이 묵티나트이고, 조금 더 내려가면 어퍼 무스탕 입구인 까그베니다. 어퍼 무스탕 트레킹은 까그베니에서 로만탕까지 사막같은 황량한 길을 걷는다.

그 길은 아무 것도 없는 텅 빈 아름다움을 느낄 수 있는 길이며 걸을수록 자신을 뒤돌아보게 하는 길이었다. 황량한 길을 걸으면 육체적으로는 힘이 들지만 살아온 날들에 대한 많은 생각을 하게 된다.

어퍼 무스탕 왕국의 수도인 로만탕으로 들어가기 위해서는 어퍼 무스탕에서 가장 높은 고개인 마랑라(4,350m)를 넘어야 한다. 몸이 날아갈 정도로 세차게 부는 바람을 온 몸으로 맞으며 힘들게 이 고개를 넘을 때는 몇 년 전 돌아가신 엄마 생각이 나서 나도 모르게 눈물이 쏟아졌다. 평생 호강이라고는 하지 못하고 힘들게 살다간 엄마가 황량한 히말라야 고개를 넘으며 사무치게 그리웠다.

이처럼 히말라야 트레킹은 마음 깊숙이 간직해둔 그리움을 일깨우기도 한다. 파키스탄 트레킹도 이런 황량한 길을 걷는 것이어서 내 자신의 내면을 다시 볼 수 있는 기회가 되지 않을까 하는 생각이 들었다.

칠라스를 지나자 모든 게 정지된 듯한 고요함이 느껴졌다. 오직 인더스 강만 우렁찬 함성과 짙은 회색빛 강물로 자신의 존재를 나타내고 있었다. 한낮은 열기 그 자체였다. 거친 강물도 그 열기를 식히지 못하고 작열하는 태양에 온 산하는 자신의 벌거벗은 모습을 적나라하게 드러내고 있었다.

스카르두로 가는 곳곳에서 경찰과 군인의 검문이 계속됐다.

우리가 안전지대로 들어선 것인지 카라코람 하이웨이를 벗어나 스카르두로 들어가는 갈림길에서 에스코트하던 경찰이 내리고 차는 좁은 길로 접어들었다.

서밋 카라코람 익발 사장이 세상에서 아홉 번째로 높은 산인 낭가파르밧을 볼 수 있는 뷰포인트에 차를 세웠다. 눈앞에 하얀 얼굴을 한 낭가파르밧이 웅장한 자태로 서있었다. 8,000m급 설산을 보자 가슴이 설레었다.

우리가 차에서 내리자 어디에서 나왔는지 아이들이 우루루 몰려왔다. 눈이 커다랗고 이목구비가 뚜렷한 잘 생긴 아이들이다. 몇 집 되어 보이지 않는 곳인데도 10명 가까운 아이들이 몰려와 놀랐다. 아이들은 슬리퍼를 신고 낡은 옷을 입은 이삼십 년전 시골길에서 놀던 우리 모습 그대로였다. 천진난만한 웃음과 호기

심어린 눈이 똘망똘망했다.

낭가파르밧을 한참이나 쳐다보다가 사진을 몇 장 찍고 출발했다. 한참을 가자 카라코람 산맥과 히말라야 산맥, 힌두쿠시 산맥이 모두 만나는 곳이 나와 그곳에 차를 세웠다. 커다란 바위 위에 네모난 콘크리트 비석을 세우고 그 비석에 페인트로 세 산맥이 만나는 지도가 그려져 있었다.

민둥산에 파란 하늘이 있고 인더스 강물이 흐르는 걸 볼 수 있는 조망이 좋은 곳이었다. 보기에는 아름다운 곳이지만 사람이 살기에는 너무나 힘든 곳이어서 집 한 채 보이지 않았다. 신이 모든 것을 다 주지는 않는다는 생각이 들었다.

아이스박스에 넣어 온 워터멜론을 먹으며 휴식을 취한 뒤 스카르두로 출발했다.

스카르두로 가는 꼬불꼬불한 길이 예술이다. 강을 따라 바람과 햇빛에 풍화되어 벌거벗은 산허리를 깎아 만든 길이다. 고도를 올릴수록 겨우 차 한 대 빠져나갈 정도로 좁았다. 이 길을 아무렇지도 않게 차들이 쌩쌩 달렸다. 차창 밖을 보는 것만으로도 공포스러웠다. 도시의 안락함에 물든 우리에겐 이 길이 공포스러울지라도 저들에게는 삶의 길이기에 이런 험로도 대로일 거라는 생각이 들었다.

강변을 따라 난 길을 올라온 스카르두 입구에는 강물이 넓게 퍼져 거대한 호수를 만들고 있었다. 강 한가운데 섬처럼 솟은 하얀 민둥산이 신비로워 보였다. 우중충한 하늘에선 세찬 모래바람이 일고 있었고 차창 밖은 모래가 날려 길이 잘 보이지 않을 정도였다.

산간으로 들어와서 처음 보는 큰 도시, 스카르두였다. 해발 2,600m 산중에 이런 광활한 곳이 있나 싶을 정도로 넓었다. 네팔 안나푸르나라운딩 할 때 만나는 좀솜 같은 분위기를 자아내고 있었지만 그 규모는 좀솜과 비교가 안 될 정도로 컸다.

이슬라마바드에서 1박 2일, 장장 29시간을 달려 힘들게 스카르두에 왔다. 이제 무사히 트레킹을 할 수 있다는 생각을 하자 기분이 좋아졌다. 이런 이국적인 풍광이 마음에 들었는지 옆에 있던 일행이 웃으며 말했다.

"우~와, 이제 이곳을 좋아하겠는 걸!"

이 소리가 K2 발토르 트레킹의 시작을 알리는 종소리처럼 들렸다.

저녁에는 익발 사장이 가이드와 주방장 등 주요 스텝들을 소개했다. 총 가이드는 가풀이고 가이드를 도울 세컨 가이드는 이브라임이었다. 가풀은 40대 초반으로 책임감이 강하고 자신의 일을 성실히 수행하는 사람이었다. 이브라임은 한시라도 입을 닫지 않아 '나불나불'이라는 별명을 붙여주었는데 유쾌한 20대 초반의 젊은이다. 주방장 임티아스는 덩치가 크고 무슨 요리든 빠르게 해내는 20대 중반으로 트레킹 떠나기 바로 전에 둘째 아이가 태어났는데도 집에 가지 못하고 열심히 우리의 음식을 만들었다. 그 외에도 우리를 뒷바라지 할 알리와 올람, 주방장을 보조하는 모심도 인사를 했다.

인더스 강

길이 2,900km. 유역 면적 116만5,500㎢. 히말라야 북쪽, 티베트 남서쪽 카일라스 산맥 북쪽 사면에서 발원하여 1,100km를 북서방향으로 흘러 카슈미르 지방의 북부를 거쳐 라다크 산지를 횡단한다. 그 곳에서 남서쪽으로 진로를 바꾸어 파키스탄 본토를 관통하여 카라치 남동쪽에서 아라비아해(海)로 흘러들어간다.

유일하게 큰 지류는 중류에서 합류하는 판지나드 강(江)인데 이는 펀자브 5강(江)인 젤룸, 체나브, 라비, 베아스, 수틀레지가 합쳐져 이루어진 것으로 하구에서 200km인 하이데라바드까지는 작은 기선이 다닌다.

하구 지방은 강의 퇴적작용이 심하며, 하상(河床)이 주위의 토지보다 23m나 높은 곳도 있다. 이 때문에 관개용수를 얻는 데에는 좋으나 그만큼 홍수의 위험도 크다. 하류에서는 하도(河道)가 자주 바뀌며, BC 3세기경에는 인더스 강 하구가 현재보다 130km나 동쪽에 있어서 쿠치만(灣)으로 유입하였다고 한다.

인더스 강은 인도 역사상 중요한 의의를 가진 강이다. 중류 유역의 하라파, 하류 유역의 모헨조다로 등의 유명한 유적에서 볼 수 있는 것처럼 BC 2,500년경에 꽃피었던 인더스문명은 이 강을 모체로 이루어졌다. 그 후 북서쪽으로부터 진입해 온 아리아인(人)이 가장 먼저 정주한 것도 인더스 강 중류의 5강 지방이며, 알렉산더대왕의 인도 원정을 시작으로 20세기의 제3차 아프가

니스탄 전쟁에 이르기까지 여러 차례에 걸쳐 침략이나 전쟁의 무대가 되기도 하였다.

이와 같이 인더스 강 유역은 역사적으로 일찍 개발되었다. 펀자브 평원의 대부분과 하류의 신드 지방은 토지는 비옥한 충적토인데도 강수량이 500mm 이하이고 아열대 건조기후에 속하여 자주 기근을 겪어왔다. 영국 식민지시대에는 유역에 광범위한 근대적 관개공사가 시행되기 시작했으며, 20세기에 이르러 완성한 신드의 수쿠르댐은 이 유역의 밀 목화 사탕수수 등의 생산을 크게 안정시켰다.

인더스 강은 히말라야의 눈이 녹은 물을 주된 수원으로 하기 때문에 수량의 변화는 있지만 결코 마르는 경우는 없다. 적당한 관개시설만 있으면 유역의 농업은 발전의 가능성이 크다. 상류의 카슈미르 지방에서는 지형을 이용하여 수력발전소를 건설할 계획이므로, 파키스탄의 공업화를 위한 잠재적인 동력으로서 중요한 가치를 지닌다. 카슈미르 문제에 파키스탄이 양보하지 않는 원인 중의 하나도 여기에 있다. 〈두산백과〉

2013.08.02
휴머니스트 제주원정대

새벽 2시 쩌렁쩌렁 울리는 기도소리에 잠이 깼다. 온 도시 사람들이 다 듣도록 확성기를 크게 틀어 놓았다.

신앙이란 무엇일까? 인간을 위해 신이 있는가? 신을 위해 인간이 있는가? 특히 이곳에서의 신앙은 자연환경과 더불어 삶을 결정하는 중요한 요소다. 히말라야 산맥에 기대어 사는 사람들의 삶은 고단하다. 너무나 거친 환경 속에 살고 있어서 그들에겐 종교가 삶이 되고 삶은 종교를 벗어나지 못한다.

아침을 먹고 스카르두를 조망할 수 있는 카라포초 성에 올랐다. 5,000m급 뾰족한 침봉들이 병풍처럼 둘러싸고 있는 스카르두를 한 눈에 조망할 수 있는 곳이다.

옛날 성이라는 흔적이 그대로 남아 있었다. 무너진 담벽과 퇴락한 성채가 스카르두의 영욕을 말하고 있었다.

성 위에서는 넓은 스카르두가 한눈에 들어왔다. 격렬하게 흐르던 인더스 강도 이곳에서는 숨소리를 죽이고 잔잔하게 흘렀다. 협곡을 지나온 강물이 이곳에서는 넓게 퍼져 강폭은 가늠할 수조차 없을 정도로 넓었다.

따가운 햇살을 받으며 아무도 없는 성 위를 걸었다. 돌과 흙으로 튼튼하게 지은 성이지만 세월의 흔적이 곳곳에 남아 있었다. 뜨거운 햇살이 내리쬐는 성에서 바라보는 풍광이 압권이었다. 광활한 풍경 앞에 가슴이 먹먹해져 오면서 입이 다물어지지

않았다.

 이제 그토록 바라고 바란 K2 트레킹이 시작된다는 감상에 젖어 내일 갈 K2방면도 말없이 바라보았다.

 한 낮의 태양이 모든 것을 다 녹여버릴 듯 이글거렸다. 뜨거운 햇빛을 막기 위해 우산을 양산처럼 쓰고 카라포초 성을 내려왔다.

다 내려오자 사람이 사는 집 앞에 무덤이 있었다. 두어 기밖에 없는 것으로 보아 가족묘 같았다. 거친 땅에서 살다가 모래 속에 묻힌 것이다. 척박한 환경과 싸우고, 이 지역을 정치 종교적으로 나눈 세력들과 싸우느라

마음 편한 날이 없던 시절을 살다 갔을 것이다. 잠들어 누운 이들을 보니 우리는 정작 살아가는데 필요한 것보다는 필요 없는

것에 매달려 자신에게 주어진 시간을 다 보내는 것은 아닌지 하는 생각이 들었다.

큰 길로 나오자 사이렌이 울렸다. 어디서 나왔는지 수많은 사람들이 바쁘게 사원으로 향했다. 가게 문도 닫고 기도를 올리러 급하게 발걸음을 옮기고 있었다. 이 지역 사람들의 삶을 지배하는 종교에 대해 생각하지 않을 수 없었다.

바쁘게 걸어가는 사람들을 뒤로하고 호텔로 들어오다 말벼룩 퇴치제를 샀다. 우리와 같은 호텔에 묵고 있는 가셔브럼 2봉 원정대의 한 대원이 두 달 전 말벼룩에 물린 자국을 보여주며 말벼룩 퇴치제를 사라고 해서다. 이 대원이 전한 가셔브럼 2봉 원정대의 훈훈한 이야기가 지금도 가슴을 적신다.

가셔브럼 2봉을 등반 중인 우리 제주도 팀과 김영미 팀에게 급한 연락이 왔다. 대만 원정대 대원이 해발 7,700m 지점에서 추락하여 갈비뼈가 부러지면서 폐를 찔러 위급한 상황이 된 것이다. 마침 주변에서 원정중인 유럽 팀에게 구조를 요청했지만 이들은 거절했다. 그래서 우리 팀에게 구조를 해달라는 간곡한 부탁을 한 것이다.

7,300m 캠프에서 등정 준비 중이던 한국 팀은 이들의 구조를 놓고 번민을 거듭했다. 그러다 가셔브럼 2봉을 등반 중인 한국설암산악회 원정대(대장 이창백)와 김영미 팀이 구조하기로 결정했다. 7,300m 캠프에서 대기 중인 셰르파 2명에게 사고 지점에 올라가 부상자를 안전지대까지 데려오도록 한 것이다.

심각한 부상을 입은 대만 대원은 약 5시간에 걸친 한국 셰르파들의 구조 등반 덕분에 7,300m 캠프로 무사히 귀환했다. 하지만 그 바람에 시기를 놓친 한국 팀은 정상 등정을 못하고 말았다. 마지막 순간 조난당한 대만 원정대를 구조하고 자신들은 정상에 오르지 못한 것이다.

   히말라야 산 7,500m 지점을 '죽음의 지대'라 부른다. 이곳에서
는 자신의 몸 하나도 추스르기 힘든 곳이어서 조난자를 못 본 척
해도 도덕적으로 지탄받지 않는다. 그런 곳에서 등정을 앞둔 마
지막 순간에 내리기 어려운 결단을 내린 것이다.
   유럽 팀은 구조를 외면하고 오직 우리나라 팀만 인류애를 발
휘해 그들을 구조했다. 훈훈함이 가슴을 적셔왔다. 그들은 가슴
에 아름다운 꽃 한 송이 심고 오랜 염원인 정상 등정을 포기했
다. 개인의 성취보다 생명의 소중함을 일깨워준 우리 원정대가
숭고해 보였다.
   점심을 먹고 빈둥거리는데 갑자기 먹구름이 몰려왔다. 엄청난
모래바람이 도시를 쓸어버릴 듯이 불었다. 모래먼지가 날려 푸른
숲을 뽀얗게 덮어버렸다. 하늘의 태양도 뿌연 모래먼지에 생기를
잃고 있었다. 살아가기에는 너무나 열악한 이곳에도 사람이 살
고 있다. 인더스 강물이 스며들어 생명을 키우고 있기 때문이다.

Common sense

발티스탄 왕국과 스카르두

발티스탄이란 파키스탄의 북동부 지역을 말한다. 이 지역은 북쪽의 중국, 동쪽과 남쪽의 인도 사이에 있는 지역으로 인더스 강에 의해 아래위로 구분된다. 인더스 강의 북쪽은 카라코람 산맥으로 7,000m 이상의 산들이 100개 이상 모여 있으며, 강의 남쪽은 사람이 거의 살 수 없는 황량한 고원지대이다. 발티스탄 지역은 20세기가 될 때까지 거의 탐사가 이루어지지 않았다.

발티인들은 티벳인과 코카시안의 혼혈인으로 자기들의 언어인 발티어(고대 티벳어 형태)를 사용한다. 이 지역은 4세기쯤 불교가 널리 퍼졌으며, 8세기께는 티벳의 지배를 받았고, 11세기에는 독립적인 왕국을 이루었다. 17세기에는 이슬람으로 개종하였다. 발티스탄 왕국에서 스카르두는 중앙에 위치해 있는데 가장 부유하고 가장 중요한 곳이었다.

1840년 잠무(인도 카슈미르)의 마하라자(왕)에게 침략당하면서 발티스탄 왕국은 끝이 났다. 이후 1947년 영국으로부터 파키스탄과 인도가 독립하면서, 이 지역은 인도 쪽으로 넘어 갔으나, 이슬람을 믿는 주민들이 반란을 일으켜 파키스탄이 되었다. 그래서 이 지역의 동쪽은 아직 인도와 분쟁지역으로 국경선이 조금 모호한 상태다.

산악인들에게 스카르두는 굉장히 친숙한 도시다. 히말라야 원정 얘기가 나올 때 네팔 쪽이면 어김없이 '카트만두'가 나오고, 파키스탄 카라코람이면 '스카르두'로부터 얘기가 시작되기 때문이다. 스카르두는 파키스탄의 북동쪽 끝부분에 있는 도시로, 주변이 4,000~5,000m급 산들로 둘러 싸여 있는 전형적인 분지 도시. 수도 이슬라마바드와는 750km쯤 떨어져 있고 비행기로는 40분 걸리며 버스로는 30시간 정도 걸린다. 항공편은 결항이 잦아 대부분의 산악인들은 버스로 간다.

스카르두는 전 세계 산악인들에게는 잘 알려진 도시로 카라코람 산맥에 있는 K2, 브로드피크, 가셔브럼1, 가셔브럼2 등 고산 등반의 기점이 되는 곳이다.

2013.08.03
카라코람의 거친 숨소리를 듣다

아침부터 분주하다. K2 트레킹의 기점이 되는 스카르두를 떠나 트레킹이 시작되는 아스콜리까지는 지프로 7시간 정도 가야한다. 이 길은 산사태와 낙석으로 중간 중간 길이 끊어져 있기도 하고 빙하 녹은 물이 불어 길이 통째로 사라지기도 하는 변수가 많은 길이다. 아무 일 없이 무사히 아스꼴리에 도착하기를 기도하며 배낭을 메고 방을 나왔다.

호텔 로비로 나오니 가셔브럼 I 봉(8,068m)을 성공리에 등정하고 어젯밤 늦게 아스콜리에서 내려온 김미곤 대장이 있었다. 반갑게 인사하고 같이 사진을 찍었다. 김미곤 대장은 히말라야 8,000m급 14개봉 중 10개봉을 오른 유명 산악인이다. 8,000m급 봉우리를 10개나 오른 산악인(2014년 5월 현재 칸첸중가 8,586m를 올라 11개 봉을 올랐다.)이라 모습부터 우리와 많이 다를 것 같았는데 그렇지 않았다. 오히려 그런 사람답지 않게 수수했다.

8,000m급 산을 오르는 것은 인간의 한계를 뛰어넘는 일이다. 절대 고독 속에서 고산을 오르는 길을 자신의 길로 선택한 정말 대단한 사람이다. 그런 선택을 하기까지 얼마나 많은 번민을 했을까. 생명을 담보로 오르는 그 길은 모험의 길이고 도전의 길이다. 죽음을 넘나드는 그 길에서 그는 무슨 생각을 할까?

올해는 카라코람 고산 원정팀에게 유난히 사고가 많았다. 다행히 한국팀에게는 큰 사고가 없었다. 그 가운데서도 김미곤 대장은 가셔브럼 1봉을 무사히 올랐다. 가셔브럼 2봉 원정대가 조난자를 구하고 정상 등정을 못한 아쉬움이 크지만 말이다.

지프 앞에서 단체 사진을 찍고 8시쯤 출발했다. 우리가 탄 지프는 인더스 강을 따라 울퉁불퉁한 비포장 길을 달렸다. 중간 중간 강물에 쓸려 내려간 길을 건너기도 하고 물살이 센 냇물도 건넜다.

한참을 달리자 파키스탄 군 검문소가 나왔다. 그곳에서 체크를 하고 다시 달려 1시쯤 아포 알리곤(Apo aligon)에 도착했다.

이곳은 길가에 있는 마을로, 집이 몇 채 안 되는 작은 마을이었다. 식당 안으로 들어가 뒤뜰로 나가자 사과가 주렁주렁 달려 있는 과수원이 있었다. 사과나무 아래 테이블이 놓여 있어 그곳에서 식사를 했다. 짜파티(곡물을 갈아 반죽하여 만든 넓적한 빵같이 생긴 파키스탄 사람들의 주식)와 치킨커리, 쌀밥이 나왔다. 고도를 올려서인지 입맛이 없었다. 식사를 서둘러 마치고 길을 재촉했다.

얼마쯤 갔을까? 갑자기 지프가 멈춰 섰다. 내려서보니 길이 강물에 뭉텅 잘려나가 사라지고 없었다. 지난밤 폭우가 내렸는지, 빙하가 녹아 물이 불었는지 길이 강물 속으로 들어가 버린 것이다. 예상대로 K2 가는 길은 쉽게 열리지 않았다.

　　며칠간 차만 타서인지 6~7시간을 걸어가야 한다는 가이드의 말
에도 그다지 걱정이 되지 않았다. 하지만 그건 내 생각일 뿐 몸은 아
니었다. 얼마 걷지 않아 땀이 비오듯 쏟아지고 발걸음은 무거웠다.

　　터벅터벅 한참 걸어가자 또 길이 뚝 잘려 강물에 쓸려 내려가
고 없었다. 스페인에서 온 팀과 우리는 강을 건너기 위해 길도 없
는 산으로 올라갔다. 다시 급경사를 조심조심 내려와 나무다리
를 무사히 건넜다. 얼마나 걸었을까? 날이 어두워져 앞은 잘 보
이지 않고 배도 고파왔다. 얼마나 더 가야 목적지인 아스꼴리에
도착하는지 알 수가 없었다.

　　어두워진 길을 걷고 있는 우리 앞에 지프가 한 대 내려오며 멈
추었다. 뒤에 오고 있는 일행을 태워 올 테니 가지 말고 기다리라
고 했다. 고도가 3,000m 가까이 되어서인지 밤이 되니 추웠다.
다행히 '새벽산행'님이 우모복을 주어 추위를 피했다. 더워서 땀
을 뻘뻘 흘리던 뜨거운 한낮과는 딴판이었다.

　　30분쯤 기다렸을까? 일행을 태운 지프가 와 짐칸에 서서 타
고 가는데 얼마가지 않아 또 길이 끊어져 더 이상 차가 갈 수
없었다. 할 수 없이 내려서 캄캄한 밤길을 걸었다. 무너진 길

이 또 나와 랜턴을 비추며 아슬아슬하게 걸어 내려와 아스콜리로 향했다.

하늘엔 수없이 많은 별이 빛나고 있었지만 지쳐서인지 밤하늘의 아름다운 별도 위안이 되지 못했다. 10시가 되어서야 아스꼴리 야영장에 모두 도착했다.

예정에도 없던 긴 트레킹에 다들 축 처진 모습이었다. 저녁을 파키스탄 음식인 짜파티로 대충 때우고 잠자리를 찾았다. 길이

끊어져 우리 짐이 오지 않아 캠핑을 할 수 없기 때문이다. 그래서 트레커들이 자는 여행자 숙소인 롯지(일종의 산장이나 여관 같은 곳이다.)에서 자야하는데 제대로 된 방이 없었다.

겨우 구했다는 방이 가관이었다. 시멘트 맨바닥에 때에 절은 매트리스가 깔려 있고 덮고 잘 이불도 없었다. 이곳에서 서로 끼어 자야 한다고 했다. 벼룩과 빈대가 나올 것 같은 마구간과 별 진배없는 방이었다.

아직 텐트가 도착하지 않아 어쩔 수 없었지만 들어가기가 꺼려졌다. 방으로 들어가기가 싫어 밖에서 서성거렸다. 우리 팀 40대 초반의 젊은(?) 일행인 '새벽산행'님과 '닭알'님이 이곳저곳 잠자리를 탐문하고 다니더니 그래도 괜찮은 롯지를 찾았다. 하지만 그 롯지에는 4명밖에 잘 수 없었다.

의논 끝에 나이 많은 형님 세 분과 내가 그곳에서 자고 나머지는 그 형편없는 방에서 잤다. 일행을 두고 혼자 편안한 잠자리에 든 것 같아 못내 마음이 불편했다. 트레킹을 시작하기도 전에 카라코람의 거친 숨소리를 느낀 날이었다.

Common
sense

카라코람 산맥

　　카라코람 산맥(Karakoram)은 파키스탄과 인도, 중국 국경지대에 있다. 카라코람은 '검은 바위'라는 뜻이다. 지형이 험준하고 빙하와 잡석으로 이루어져 있어 유럽의 탐험대도 19세기 초에야 겨우 접근했다.

　　카슈미르 지방 북부에 위치해 있으며 남쪽에는 인더스 강을 사이에 끼고 서부 히말라야가, 서쪽 및 서남쪽에는 파키스탄을 사이에 끼고 서부 힌두쿠시 산맥이, 북쪽에는 투르크스탄, 동쪽에는 중국의 신장 위구르 자치구가 있다.

　　카라코람에는 세계 제2의 K2봉(8,611m) 가셔브럼 제1봉(8,068m), 브로드 피크(8,047m), 가셔브럼 제2봉(8,035m) 등 8,000m를 넘는 고봉만도 4개가 있는데 모두 발토로 빙하 내부에 솟아 있다. 카라코람은 장대한 산악 빙하가 많은 곳으로도 유명한데 가장 긴 시아첸 빙하는 75km에 이르고 비아포, 히스파, 발토로 빙하는 모두 50km를 넘는다.

히말라야 산맥

총길이 2,400km. 히말라야는 고대 산스크리트(梵語)의 눈(雪)을 뜻하는 히마(hima)와 거처를 뜻하는 알라야(alaya)의 2개 낱말이 결합된 복합어이다.

처음에는 갠지스강 연변의 수원지대를 가리키는 좁은 뜻으로 사용되었으나 시간이 흐름에 따라 넓은 뜻으로 쓰이게 되었다. 히말라야산맥은 북서쪽에서 남동 방향으로 활 모양을 그리며 파키스탄과 인도 북부. 네팔. 시킴. 부탄. 티베트 남부를 뻗어 내리면서 몇 갈래의 산계로 나누어진다.

맨 앞쪽의 힌두스탄 평원에 면하면서 비교적 낮은 시왈리크산맥과 그 뒤쪽에 있는 소히말라야산맥, 산맥의 주축에 해당하는 대히말라야산맥의 3개의 산계로 나눌 수 있다.

대히말라야산맥에는 세계의 거의 모든 최고봉이 솟아 있으나, 줄곧 연속되지는 않고 거대한 산괴를 이루면서 군데군데 깊은 계곡으로 단절되어 있다.

이 가운데 카라코람산맥을 히말라야산맥과 구분하여 말하는 경우도 있으나, 함께 포함시키는 것이 일반적이다. 히말라야산맥은 '눈의 거처'라는 뜻에 어긋나지 않는 '세계의 지붕'이라고 할 수 있다. 〈두산백과〉

2013.08.04

아스꼴리를 떠나 줄라로

발토로 트레킹이 시작되는 마을이자 사람이 사는 마지막 마을이 아스꼴리다. 아스꼴리를 지나면 사람이 살지 않는다. 아니 살지 못한다. 그만큼 척박한 곳이다. 그래서 이곳에서 포터도 구하고 식량과 부식도 준비한다. 해발 3,000m에 있는 마을이라 겨울은 혹독하게 춥다. 이런 기후를 견디며 사는 만큼 강인한 사람들이다. 주로 농사를 짓고 생활하다가 트레킹 시즌이 되면 포터로 일하며 버는 이 수입이 아주 요긴하다.

우리 11명의 트레킹을 위해 64명의 포터가 모집되었다. K2 발토르 트레킹 포터들은 포터 일만 하는 전문 포터들은 아니다. 그래서인지 포터들의 옷이나 신발 등은 일상 생활하던 그대로였다. 가끔 등산화나 등산복을 갖춘 포터들이 있었는데 이 옷과 신발은 트레커나 원정대가 주고 간 것들이었다. 포터들의 연령대도 50대부터 10대까지 다양했다.

　이렇게 많은 포터를 고용해야 하기 때문에 포터를 총괄하는
포터대장이 있고 가이드는 이 사람을 통해 지시했다. 포터 1인
당 지는 무게는 25킬로그램으로 매일 아침마다 가이드와 포터대
장이 저울로 달았다.

K2 발토르 트레킹은 사람이 살지 않는 황무지를 가는 길이라 생존에 필요한 모든 것을 가져간다. 음식 뿐만 아니라 식탁, 플라스틱 의자, 발전기 등 생활에 필요한 것은 다 가져가는 것이다. 그렇기 때문에 이렇게 많은 인원이 필요하다. 물론 당나귀도 몇 필 동원되어 무거운 짐을 날라 그나마 포터들의 숫자가 줄었다. 짐 중에서 많은 비중을 차지하는 음식물은 시간이 갈수록 줄어들어 자신의 역할이 끝나는 포터들은 중간 중간 내려갔다.

아침은 짜파티와 밥, 계란 1개가 나왔다. 도저히 안 넘어가 양파, 마늘을 넣고 쌀죽을 끓여 달라고 부탁하여 먹었다. 그러자 기운이 조금 났다.

끊어진 길 때문에 밤새 수송 작전을 펼쳐 오전 8시쯤 짐이 하나둘 오기 시작해 9시가 지나서야 다 도착했다. 끊어진 길을 뚫고 밤새 그 무거운 짐들을 다 옮겨온 것이 신기했다. 어떻게 가져왔는지 이해가 되지 않았다. 자기 짐을 체크하고 스틱 등 운행 장비를 챙긴 뒤 길을 나섰다. 오늘은 첫날이라 모든 포터들이 짐

을 배정 받아 힘차게 출발했다.

목적지는 줄라다. 줄라는 '줄에 매달린 바구니'란 뜻이다. 줄라로 가기 위해 강을 건너려면 줄에 매달린 바구니를 타야해서 붙여진 이름이다. 지금은 강폭이 좁은 상류에 나무다리가 놓여 있어 바구니를 타고 건너지 않는다. 줄라까지 약 20km. 우리의 운행속도로는 8~9시간 거리다.

아스꼴리를 나오자 거대한 풍광이 눈앞에 펼쳐졌다. 네팔 히말라야에 있는 어퍼 무스탕, 돌포지역 풍경과 비슷했다. 2007년 처음 본 무스탕은 여러 빛깔이었다. 빨간 황토 빛깔도 있고 잿빛의 흙색깔도 그 옅고 짙음에 따라 여러 색이었다. 그런 사막 같은 황량함이 무척 아름다웠다.

어떻게 이런 풍광을 빚어낼 수 있을까? 감탄사가 절로 나왔다. 히말라야의 속살을 보는 것 같았다. 인더스 강을 품은 카라코람 발토르지역은 어퍼 무스탕과는 비슷하면서도 또 다른 거대한 풍경을 연출하고 있었다. 어퍼 무스탕이 섬세한 여성 같다면 이곳은 근육질의 남성 같았다.

아스꼴리를 떠나 한참을 가니 강이 나왔다. 비아포빙하에서 흐르는 강으로 이 강이 발토르 빙하에서 흐르는 브랄두 강과 만난다. 이 강에 정말 아슬아슬한 스릴을 느낄 수 있는 다리가 있었다. 부실해 보이는 두 가닥 쇠줄에 철사로 듬성듬성 엮은 뒤 그 위에 판자를 묶어 놓았다. 틈이 숭숭 뚫린 판자 아래로는 엄청난 소용돌이를 일으키며 누런 흙탕물이 굉음을 내며 흐르고 있었다. 어지간한 강심장을 가진 사람도 쉽게 건널 수 없을 것 같았다.

어떻게 건널까 고민하며 한참을 쳐다보았다. 떨리는 가슴을 진정하고 조심조심 다리를 건넜다. 다리를 건너는 동안 찰나지만 온갖 불길한 생각이 다 들었다. 무사히 다리를 건넌 뒤 강물과 다리를 쳐다보았다. 다시 건너가라면 못 건널 것 같았다.

뜨거운 햇살을 온 몸으로 받으며 천천히 걸음을 옮겼다. 거친 숨소리를 내뿜으며 흐르는 강을 따라 난 자갈길과 모랫길이 푸른 하늘과 어울려 한 폭의 그림 같았다. 무채색의 아름다움이란 이런 것일까? 총천연색이 난무하는 세상에서는 볼 수 없는 무채색의 아름다움을 가슴깊이 느꼈다. 단순한 빛깔이 빚어내는 아름다움을 음미하며 카라코람의 넓은 품속으로 한걸음 한걸음 깊숙히 발걸음을 옮겼다.

햇살은 시간이 갈수록 온 대지를 녹일 듯 뜨겁게 내리쬤다. 구름이 나타나 해를 가리면 그게 그늘이 되어 시원한 나무 그늘 아래 쉬어가는 느낌이 들 정도로 볕이 뜨거웠다.

4시간쯤 걸으니 작은 숲이 나왔다. 빙하 녹은 물이 흘러들어 나무가 자라는 고로폰(Ghorophon 3,000m)이다. 일행이 오지 않아 지친 몸을 눕히고 잠깐 휴식을 취했다. 한 사람 두 사람 모든 대원들이 도착하자 파키스탄 라면이 나왔다. 멀건 물에 면은 퉁퉁 불어 맛이라고는 느낄 수 없었다. 우리 입맛에는 전혀 맞지 않아 우리나라 라면 생각이 절로 났다.

점심을 먹고 목적지인 줄라로 향했다. 발토르 빙하에서 내려오는 강물은 세차게 흐를 뿐만 아니라 속을 알 수 없는 잿빛이라 무섭기까지 했다. 세계 4대 문명의 발상지 중 하나인 인더스 강의 힘을 보는 것 같았다. 계속되는 자갈길과 고운 모랫길을 걷기가 쉽지 않았다. 보기에는 부드러워 쉬울 것 같지만 발이 푹푹 빠지는 고운 흙길이 오히려 사람을 지치게 했다. 트레킹은 이런 힘든 길을 걸으며 자신을 반추하는 것이다.

인더스 강의 지류인 두모르도(Dumordo) 강을 따라 한참 올라가면 작은 다리가 나온다. 그 다리를 건넌 뒤 다시 돌아 본류 쪽으로 걸어 내려오면 캠프사이트가 나오는데 그곳이 줄라다. 줄라 앞으로 흐르는 강이 두모르도 강이다. 이 강이 발토르 빙하에서 내려온 비아호(Biaho) 강과 만나 브랄두 강이 된다. 두모르도 강은 판마(Panmah) 빙하에서 흘러나오는 강이다.

히말라야에 흐르는 강은 고도가 높아 힘차게 흐르기도 하지만 수시로 물길을 바꾼다. 그래서 다리 놓기도 쉽지 않아 강을 건너려면 빙 둘러 가기 일쑤다. 카라코람 산맥에 흐르는 강도 네팔 히말라야에 흐르는 강 못지않았다. 오히려 더 급하게 흘렀다.

트레킹 첫 날이고 첫 야영하는 날이다. 포터들이 먼저 도착해서 텐트를 설치해 놓았다. 이번 K2 트레킹은 1인 1텐트가 아닌 2인 1텐트다. 혼자 있지않아 불편한 점도 있을 것이고 같이 있어 좋은 점도 있을 것이다.

노을이 지는 벌거벗은 산 바코르다스(Bakhor Das Peak 5,810m)를 바라보며 카라코람 발토르 트레킹 야영지 줄라에서 첫날밤을 맞았다.

2013.08.05

빙하 물에 발을 담그다

새벽, 줄라 앞을 힘차게 흐르는 두모르도 강의 우렁찬 강물소리에 잠이 깼다. 이곳의 강물은 빙하가 녹은 물로 불모지인 민둥산을 쓸고 내려와 잿빛이다. 강물에 쓸려내려 가는 돌 구르는 소리가 강물의 위력을 말하고 있었다.

이른 아침 가이드 가풀이 아침 인사를 건네며 텐트로 세숫물과 차를 가져왔다. 네팔에서 캠핑트레킹 할 때 모습 그대로다. 하지만 아직 네팔만큼 트레킹이 활성화가 되지 않아서 그런지 서비스는 네팔이 조금 나은 것 같았다.

짐을 다 꾸리고 나가니 강 건너편, 거인의 머리처럼 우뚝 솟은 바코르다스 봉우리에 아침노을이 물들고 있었다. 만년설이 군데군데 덮여있고 하얀 구름 몇 점이 봉우리를 넘나들며 일출이 시작되었다. 어디서도 볼 수 없는 이곳만의 독특한 일출이었다. 다시 보기 힘든 풍광을 마음에 꾹꾹 눌러 담았다.

일출이 끝나자마자 식당 텐트로 갔다. 부지런한 주방팀이 어느새 아침상을 차려놓았다. 주방장 임티아스가 광주에서 온 '늘 푸른나무'님의 지도를 받아 닭죽을 끓였다. 모두 닭죽이 마음에 들었는지 닭고기가 떨어질 때까지 아침은 닭죽을 먹기로 했다. 아침을 먹고 6시 30분 출발했다.

아스콜리가 3,050m, 줄라가 3,250m, 빠유가 3,450m로 고도는 많이 올리지 않지만 9시간을 걸어야하는 거리다. 각자 걷는 속

도가 달라 자연적으로 몇 그룹으로 나눠 걸었다. 나는 줄곧 선두
그룹에서 천천히 걸었다. 하늘에선 거침없이 뙤약볕이 내리쬐고
땀은 그칠 줄 모르고 줄줄 흘렀다.

점심은 '마른 가시풀'이라는 뜻을 가진 '스캄촉(Skam Tsok 3300m)'
에서 먹었다. 지명대로 주변에 가시가 달린 식물들이 많았다. 어
제는 일행들이 다 올 때까지 기다렸다가 같이 점심을 먹었지만
지금부터는 먼저 도착한 사람이 먼저 먹고 가기로 했다. 그늘하

나 없는 뙤약볕 아래에서 퉁퉁 불은 파키스탄 라면과 감자, 삶은
계란 한 개가 나왔다. 감자와 계란만 먹고 일어났다. 쉬고 싶어
도 쉴 곳도 없어서 천천히 걸음을 음미하며 걸었다.

　줄라에서 빠유까지 가는 길은 전날과 똑같은 풍광이지만 길이
좀 더 험했다. 멀리 보이는 강따라 난 언덕길이 실핏줄 같았다.
길 옆으로는 빠유피크(Paiju Peak 6,610m)가 보였다.
　산허리 길을 걷다가 강가로 내려와 시끄러운 강물소리를 들으
며 한참을 걸어가자 냇물이 나왔다. 그런데 포터들과 트레커들
이 냇물을 건너지 못하고 우왕좌왕하고 있었다. 오후가 되면서
빠유피크의 빙하가 녹아 냇물이 불어 길을 삼켜버린 것이다. 지
류이긴 하지만 물살이 세서 혼자 건너는 건 불가능해 어떻게 건
널지 이리저리 탐색 중이었다. 세찬 물살에 넘어지기라도 하면
큰 불상사가 생길 것 같았다.
　궁리 끝에 포터들이 힘을 합쳐 도강작전을 펼쳤다. 한 포터
가 긴 막대기를 세찬 물살에 떠내려가지 않게 냇물 가운데 꽂으

면 여러 포터가 이 막대기를 잡고 한 사람씩 건네주는 것이었다. 여자 대원들이나 몸무게가 적은 사람은 포터들이 업고 건넜다.

혼자서는 도저히 건널 수 없는 세찬 강물을 여러 명이 협력하여 건너는 것이다. 내 차례가 되어 신발과 양말을 벗어 목에 걸고 냇물에 발을 담갔다. 순간 온몸이 얼어붙었다. 대지를 태울 듯한 열기와는 정반대로 빙하 녹은 냇물이 살갗에 닿자 그 차가움에 10초를 견디기 힘들었다.

너무 차가워 한 번에 건너지 못하고 냇물 중간에 있는 큰 돌 위에 잠깐 섰다가 건넜다. 거센 물길을 건너는 스릴은 그렇다 치고 아무렇지도 않게 그 차가운 물속에서 도강을 돕는 포터들의 모습에 가슴이 찡했다. 살점이 떨어져나갈 것 같은 얼음물에 오랫동안 발을 담그고 있는 그들에게 고마움을 느꼈다. 수건으로 발을 닦고 햇볕에 말린 다음 양말과 신발을 신고 빠유로 향했다.

햇빛이 너무 강렬해 길게 이어진 강줄기 길을 우산을 쓰고 걸었다. 얼마 가지 않아 강물이 길을 삼킨 곳이 또 나왔다. 오후가 되자 뜨거운 햇볕에 빙하가 녹아 강물이 불어나 길을 삼키는 것이다. 어떻게 지나갈까 고민하고 서 있는데 슬리퍼를 신은 포터들이 첨벙첨벙 지나갔다. 할 수 없이 신발을 벗고 또 빙하 물에 발을 넣자마자 온 몸에 소름이 돋았다.

해발 고도 200m 올리는 길이 쉽지 않았다. 열기에 지쳐 천천히 걸어가고 있는데 포터 3명이 곡괭이질을 하고 있었다. 무얼 하나 쳐다보니 굴러 떨어져 죽은 당나귀의 편자를 곡괭이로 빼고 있었다. 이미 당나귀가 죽었는데 편자를 뽑는 이유가 무엇일까?

잡석으로 뒤덮인 거친 카라코람의 빙하길을 오가다 생을 마감한 당나귀를 보니 마음이 편치 않았다. 그게 당나귀에게 주어진 길, 운명이지만 말이다. 거칠고 험한 발토르 빙하길을 걷다 운명이 다하여 쓰러진 당나귀의 명복을 빌었다. 이제부터 풍화되어 바람으로 흩어질 당나귀를 생각하니 우리의 삶도 이처럼 덧없는 것이란 생각이 들었다.

오후 3시 30분, 9시간 만에 '소금 산'이라는 뜻을 가진 빠유에 도착했다. 지금도 이 부근에 소금이 난다고 하는데 히말라야 산맥과 카라코람 산맥이 형성되기 전에 이곳이 해저였다는 사실을 일깨우는 것 같았다.

빠유는 사람은 살지 않고 원정대나 트레킹팀이 야영하는 캠프사이트로 수십 그루의 나무가 자라고 있었다. 발토르빙하는 나무 그늘을 구경하고 싶어도 구경할 수 없는 사막같은 곳이어서 빠유가 오아시스처럼 느껴졌다.

차를 마시며 쉬고 있으니 하나 둘 일행이 들어왔다. 어둠이 내리는데도 아직 네 사람이 오지 않아 초조한 마음으로 기다렸다. 그때 주방장 임티아스가 저 멀리 네 사람이 오고 있다며 마중을 나갔다.

물이 불어난 냇물을 건너다가 '하노이백수'님이 포터와 넘어져 조금 다쳤고, '마음애잔'님도 포터와 같이 넘어져 다쳤다. 빙하 녹은 물에 빠진다는 건 까딱 잘못하면 목숨과 맞바꿀 수 있을 정도로 위험하다. 그만하길 다행이라고 위로하며 저녁을 먹었다. 카라코람 K2 트레킹이 만만하지 않을 것임을 예고하는 것 같았다.

나무 그늘이 있는 빠유에서 고소적응을 하다

히말라야 레킹을 하다보면 꼭 지켜야하는 일이 있다. 그 중 하나가 고소적응이다. 고산트레킹을 하면 대부분 경미하든 심하든 고소를 경험하게 된다. 고산병이라고도 하는데 이 병이 생기는 원인은 급격한 산소 부족 때문이다.

해발 5,000m에는 평지보다 산소의 양이 절반밖에 안 된다. 낮은 지역에 살던 사람이 갑자기 높은 지대로 올라가면 우리 인체는 이 부족한 산소를 보충하기 위해 호흡을 과하게 하게 된다. 기본적인 생명 유지에 필요한 산소의 양이 부족한 걸 보충하기 위해서다.

물론 시간이 지나면 우리 몸은 고소에 적응하게 된다. 하지만 사람마다 그 편차가 심하다. 심한 고소가 찾아오면 일단 낮은 곳으로 내려가는 수밖에 달리 방법이 없다. 심하면 '폐수종'이나 '뇌부종'으로 목숨을 잃기도 한다.

그래서 고산에서는 항상 고소를 염두에 두고 천천히 걸어야 한다. 또 물을 충분히 마시고 몸을 따뜻하게 해야 한다. 그리고 급격하게 고도를 올리면 안 된다. 하루 300m 정도 올리는 것은 우리 몸이 적응하는데 별 무리가 없다.

그렇게 조심하면서도 3,000m, 4,000m 등 어느 정도 높이에서는 하루정도 푹 쉬어야 한다. 고소가 오면 어렵게 온 트레킹을 접어야하기 때문이다.

고소적응차 쉬는 휴식일이라 느긋하게 일어나도 되지만 여느 때와 마찬가지로 일찍 일어났다. 아침 해가 강 옆으로 뾰족하게 솟은 산 뒤를 비추고 있었다. 빠유에서 보는 일출은 구름이 잠깐 붉게 물드는 것으로 끝이었다. 그래도 하루의 시작을 설산에 걸린 구름과 함께 하니 좋았다.

아침식사 후 처음으로 빨래를 했다. 몇 가지 되지는 않지만 지금 하지 않으면 내려와서 해야 한다.

이번 K2 트레킹은 식수로 쓰는 빙하물의 수질이 좋지 않았다. 그걸 알고 '마음애잔'님이 '카타딘' 정수기를 빌려왔다. 사람의 힘으로 정수하는 거라 힘이 들어도 먹을 물 정도는 정수했다. 이 소중한 정수기가 포터들이 카고백을 나르면서 날카로운 돌에 부딪혀 깨졌다. 그래서 빙하 물을 그대로 끓여 먹을 수밖에 없었다.

이게 배탈의 원인이 되어서 트레킹 내내 고생했다. 음식과 물로 인한 고통은 정말 견디기 힘들었다.

점심식사를 하고 난 뒤 가이드의 의견에 따라 다음날 일정을 조정했다. 호불체(Khoburche 3,800m)에서 자기로 한 일정을 파키르캠프(faker camp 3500m)에서 자기로 했다. 트랑고 베이스캠프를 가려면 그렇게 하는 게 좋다는 것이다. 그래서 발토르 빙하 오른쪽을 오르려던 계획이 바뀌어 왼쪽으로 가게 됐다.

오후에는 느긋하게 책도 읽고 음악도 들으며 충분한 휴식을 취했다.

2013.08.7
빙하는 살아있는 강이다

세상에는 수많은 길이 있다. 좁은 길도 있고 넓은 길도 있다. 잘 포장된 길도 있지만 울퉁불퉁하고 험하디 험한 길도 있다. 그러나 이 모든 길은 사람이 살아가기 위한 길이다. 또 길 위에서 사람을 만나 사랑도 하고 헤어지기도 한다. 사람이 있으므로 길이 있고 길이 없는 삶은 생각할 수 없다. 험준한 히말라야 산골 구석구석에도 세상과 소통하기 위한 길이 있다. 그 길은 삶의 길이다. 우리는 이런 때 묻지 않은 길을 걸으며 자신을 생각한다.

발토르 빙하 위를 걷는 길은 그동안 걷지도, 듣지도, 상상하지도 못한 색다른 길이었다. 수천만 년 동안 꽁꽁 언 빙하 위를 걷지만 해가 떠오르면 빙하 위는 뜨거운 사막으로 변했다.

내리쬐는 햇볕의 뜨거움은 상상 그 이상이었다. 그래서 조금이라도 더 뜨거워지기 전에 많이 걷기 위해 가능한 아침 일찍 출발했다. 해가 솟아오르면 땀은 비 오듯 솟아나고 물은 마셔도 마셔도 갈증을 해결하지 못했다. 그래서 보통 트레킹 할 때보다 두 배 이상 많은 물을 준비하지만 이마저도 부족할 때가 많았다.

아침 6시 30분 파키르캠프로 향했다. 보통 걸음으로 6시간, 느린 걸음으로 9시간 정도 걸리는 거리다.

빙하는 죽은 강이 아니다. 살아 있는 강이다. 단지 눈에 보이지 않고 느낄 수 없을 정도로 흐를 뿐이다. 빙하 위의 길은 빤히 보이다가도 사라지고 길이 없어졌다고 생각할 때 눈앞에 불쑥 또 나타났다. 가끔 바위 떨어지는 소리, 발밑으로 빙하 흐르는 소리가 들렸다. 그 소리를 들으면 간담이 서늘해져 왔다.

눈앞에 트랑고산군의 그레이트 트랑고, 네임리스 타워, 트랑고 캐슬이 보이고 세계 12위봉인 8,047m 브로드피크, 7,925m 가셔브럼4가 정면에 우뚝 서 있었다. 가셔브럼4 뒤로 보일락 말락 자그맣게 보이는 게 가셔브럼3, 가셔브럼1, 가셔브럼2다. 파키르캠프로 가면서 보는 콩고르디아 방면이 호불체로 가면서 보는 것보다 풍광이 더 좋은 것 같았다. 시야가 더 넓어 8,000m 가까이 되는 고봉들이 다정한 형제처럼 줄지어 서 있는 걸 잘 볼 수 있어서다.

구름 한 점 없는 하늘에서는 햇살이 뜨겁게 내리쬈다. 그 햇살이 얼마나 강렬한지 정신을 아득하게 했다. 하지만 눈앞에 펼쳐진 브로드피크, 가셔브룸산군을 보면 차가운 생수를 마신 것처럼 정신이 들며 기분이 좋아졌다. 가셔브룸4 주위에 구름이 모였다 흩어지며 웅장한 파노라마가 펼쳐지고 있었다. 내 눈을 믿을 수 없을 정도로 우뚝 솟은 고산들이 어깨를 나란히 하고 있는 꿈같은 광경이 눈앞에 있었다.

빙하를 앞에 쭉 펼쳐놓고 우뚝 솟은 고봉들을 보면 환상적이다. 하지만 비현실적인 풍광이라는 생각을 지울 수가 없다. 바로 눈앞에 직선 높이로 4,000~5,000m가 솟아 있으니 그걸 믿어야 하는가? 지리산, 설악산을 포개놓은 것보다 높은 산이 눈앞에 서있는 것이다.

묵묵히 빙하 위를 걸으며 히말라야 8,000m 봉우리를 오르는 산악인들을 생각했다. 인간의 한계에 도전하는 그들은 죽음이 두렵지 않을까? 그들도 인간이기에 죽음이 두려울 것이다. 온갖 두려움과 눈앞에 닥친 난관을 극복하고 산을 오르는 것이다. 그게 그들의 길이기 때문이다.

고산 트레킹도 고통을 참고 견디면서 자신을 찾는다는 점에서는 고산 등반과 비슷하다. 그 길은 험하지만 사랑에 한번 빠지면 헤어나기 힘든 사람처럼 치명적 유혹이다.

탐험과 모험을 즐기고 좋아하지 않으면 할 수 없다. 한 번 맛들이고 나면 쉽게 벗어날 수 없는 중독성을 갖고 있는 것이 고산 등반이고 고산 트레킹이다. 그래서 트레킹을 좋아하는 사람, 싫어하는 사람이 뚜렷이 갈린다.

파키르캠프는 길 위에 있는 캠프사이트로 좁은 길 위에 텐트를 쳤다. 길 아래에는 트랑고산군에서 흘러내린 빙하가 흐르고 왼쪽 산 경사면에는 향나무 몇 그루가 있었다. 군데군데 큰 바위가 언제 굴러 떨어질지 모를 정도로 위태롭게 매달려 있었다. 빙하 위에 자지 않는 것으로 위안을 삼아야 했다.

마실 물은 트랑고 산군에서 흘러내려온 트랑고 빙하로 내려가 사골 국물처럼 뿌연 빙하 물을 그대로 길어와 먹었다. 이 물 때문에 심각한 설사병에 걸려 며칠간 고생했다. 잠도 자지 못할 정도로 1시간에 한 번 꼴로 화장실을 들락날락거렸다. 탈수증이 오면 어쩌나 걱정할 정도로 심했다. 그래서 가지고 간 죽염과 식염포도당을 열심히 먹으며 몸을 추슬렀다. 그게 효과가 있었는지 심각한 상태까지는 가지 않았다. 그나마 그걸 다행으로 생각하며 빙하 위에서 남은 트레킹을 걱정했다.

2012.8.8.
도전은 아름답다

해가 떠오르자 다시 불같은 햇살이 내리쬈다. 트랑고산
군에서 흘러내린 빙하를 가로 질러 트랑고 베이스캠
프로 갔다. 어제 온 빙하길이 평탄한 포장도로처럼 느껴질 정도
로 험한 길이었다. 오르내림도 심하고 빙하가 갈라져 생긴 크레
바스 사이로 아슬아슬하게 난 길이 위험해 보였다. 그래도 포
터들은 그 무거운 짐을 지고 아무렇지도 않다는듯이 갔다. 우리
는 처음 걷는 길이지만 그들은 해마다 걷는 생업의 길이어서 익
숙한 것이다.

　힘겹게 빙하를 건너 트랑고 베이스캠프가 보이는 곳으로 올라
서자 텐트 몇 동이 보였다. '한국 여성 4인의 도전-트랑고 원정대'
캠프와 '러시아 원정대' 캠프가 설치돼 있었다. 반갑게 인사를 하
고 차를 마시며 이야기를 나눴다.
　자연의 악조건을 이겨내며 거벽에 도전하는 참 대단한 여성들
이다. 트랑고타워는 알파인 스타일로 거벽에 도전하는 등반가들
에게는 인기 있는 암봉이다.

알파인 스타일은 포터나 지원조의 도움 없이 고정 캠프나 고정 로프를 사용하지 않고, 또한 산소 기구를 사용하지 않는 상태에서 베이스캠프를 출발해 자력으로 정상까지 오르는 등반 방식이다.

이 알파인 스타일로 러시아 원정대와 한국 4인의 여성 원정대가 트랑고타워에 도전 중이었다. 한국 여성 원정대는 1차 도전에 실패하고 2차 도전 중인데 한 대원이 베이스캠프를 지키고 있었다.

"왜 거벽에 도전하죠?"

"글쎄요……. 참 대답하기 힘든 질문인데요. 그냥…… 좋아서 하는 거지요."

"벽에 붙으면 무슨 생각을 하나요?"

"오로지 지금 이 순간을 극복해야 한다는 생각뿐 아무 생각도 안 나요."

우문에 현답이다. 그럴 것이다. 극한의 상황에서 이걸 어떻게 벗어나야 하는가하는 생각 외에 무슨 생각을 더 할 수 있겠는가?

5일 이상을 얼음 같은 암벽에 붙어 최소한의 식량으로 버티며 추위와 배고픔, 무엇보다 높이에 따른 고소를 극복하며 오롯이 자신과 싸운다. 차갑고 험난한 암벽을 오르는 그들의 도전이 수행을 하는 수행자처럼 숭고해 보였다.

채미선, 이진아, 김점숙, 한미선으로 구성된 한국 여성 4인이 아시아 여성 최초로 파키스탄 트랑고 산군 네임리스 타워(Nameless Tower, 6239m)에 올랐다는 소식은 발토르 트레킹이 끝나고 스카르두 마셔브럼 호텔에서 들었다.

옥수수 수염차를 맛있게 마시고 일어서 호숫가에 설치돼 있는 우리 텐트로 가 쉬었다. 설사 중이라 아무 것도 먹지 못하고 물만 마시고 종일 시체처럼 누워 있었다. 약을 먹어도 듣지 않았다.

계속되는 설사로 온 몸에 있는 수분이 다 빠져나가는 것 같았다. 탈수증을 막기 위해 죽염을 곁들여 계속 물을 마셨다.

이곳의 물은 맑은 샘물이 아니다. 석회질이 녹아 허연 빙하 물을 떠와 좀 가라앉힌 후 끓여 먹는다. 끓여도 뿌옇다. 맑은 샘물이 참 그리운 곳이다.

발토르 빙하는 사람뿐만 아니라 그 어떤 생물도 살 수 없는 곳으로 오로지 탐험가와 등반가, 트레킹을 하려는 사람만이 이곳을 찾는다. 바위와 모래, 자갈로 뒤덮인 엄청난 규모의 빙하와 거벽, 고산이 모여 있어 인간의 한계에 도전하기 좋은 조건들이 갖춰져 있어서다. 이런 험준하고 거대한 자연이 모험과 탐험을 즐기려는 사람들을 부르는 것이다.

오후가 되자 뜨거운 햇빛에 빙하가 녹아 텐트 옆으로 냇물이 세차게 흘렀다. 물살이 얼마나 센지 옆 사람의 말소리가 잘 들리지 않았다. 빙하호가 형성된 트랑고 베이스캠프를 나갈 엄두도 내지 못하고 텐트 안에 드러누워 화장실만 들락거렸다. 화장실이라야 큰 바위 뒤 내 몸을 숨길 수 있는 장소지만 말이다.

저녁도 건너뛰고 누워 있는데 밤늦은 시간까지 포터들의 기도 소리가 우렁차게 났다. 라마단이 끝나는 날이라 기도소리가 길게 이어지고 있었다.

이슬람교도들은 라마단 기간에는 해가 지기 전까지 아무 것도 먹지 않는다. 그래서 식사도 하지 못하고 초췌한 얼굴로 이슬라마바드에서 스카르두까지 이틀간 우리를 태워온 운전기사와 서밋 카라코람 익발 사장이 떠올랐다.

트랑고 산군

트랑고 산군은 엄청난 거벽이다. 카라코람 산맥에 있는 발토로 빙하 옆에 솟은 산군으로 세계에서 가장 큰 절벽 바위가 있어 암벽 등반가들에게는 꿈의 거벽이다. 가장 높은 산은 그레이트 트랑고 타워(Great Trango Tower)로 6,286m다. 트랑고 산군(山群) 서쪽으로 트랑고 빙하(Trango Glacier)와 동쪽으로 둥게 빙하(Dunge Glacier)가 흐른다.

그레이트 트랑고 바로 북서쪽에 '네임리스 타워(Nameless Tower)'로 불리는 트랑고 타워(6,239m)가 솟아 있다. 아주 크고 뾰족한 바위 첨탑이다. 트랑고 타워 북쪽에 그보다 작은 바위 첨탑 '트랑고 몽크(Trango Monk)'가 있다. 트랑고 몽크의 북서쪽에 트랑고 2봉(Trango II, 6,327m)이 있으며, 트랑고 2봉의 북서쪽에 트랑고 리(Trango Ri, 6,363m)가 있다.

2013.08.09
이런 수행이 있을까

트랑고 베이스캠프를 떠나 호불체로 가기 위해 길을 나섰다. 온 길을 되짚어가면 이틀이나 걸리는 길이지만 트랑고 빙하와 발토르 빙하를 가로질러 가기 때문에 6~9시간 정도 걸린다.

빙하에는 정해진 길이 없다. 사람이 다니면 길이고 그 길도 수시로 변한다. 발밑에는 거대한 얼음덩어리가 정지된 것 같지만 끊임없이 움직인다. 입을 쩍 벌리고 있는 크레바스를 처음 볼 때는 공포스러웠는데 자주 보니 조금 익숙해졌다. 하지만 무섭긴 마찬가지였다.

머리 위에서는 뜨거운 태양이 수천만 년 된 빙하를 다 녹여버릴 듯이 내리쬐고 발밑에는 꽁꽁 언 빙하가 어림도 없다는 듯 누워있었다.

발토르 빙하는 너덜길이어서 걷는데 힘이 몇 배나 들었다. 카라코람 트레킹이 최후의 트레킹이라 하는 이유를 알 것 같았다.

보통 카라코람 K2 트레킹은 트랑고 베이스캠프를 가지 않기 때문에 이렇게 트랑고 빙하와 발토르 빙하를 가로지를 기회는 없다. 트랑고 베이스캠프에서 호불체로 가는 길은 빤히 나 있는 길을 가는 게 아니고 빙하 위에서 없는 길을 이리저리 찾아서 가는 길이다. 그래서 빙하의 속성을 잘 아는 포터나 마부들이 앞장서 걸었다.

　갈 수 있는 길인지 아닌지 알아보기 위해 먼저 가서 정찰하고
확인했다. 갈 수 있는 길이면 손짓으로 오라고 했다. 자신들의
경험으로 다음 목적지를 찾아 가는 것이다. 가이드와 포터들의
이런 지혜가 트레커의 안전을 보장하는 보험 같았다.
　여전히 설사는 계속되고 먹는 건 죽염과 물 뿐이다. 수행도 이

런 수행이 없다. 물도 마신지 얼마 되지 않아 그대로 쭉 나와 신기하기도 하고, 인간의 몸속에 얼마나 많은 수분이 저장되어 있는지 궁금하기까지 했다.

탈수증이 오면 의료시설은 말할 것도 없고 통신도 안 되는 이곳에서 그대로 죽을 수 있다는 생각을 하니 아찔했다. 죽염과 물을 계속 마시며 탈수증을 막았다. 그래서인지 힘은 없지만 쓰러지지는 않았다.

빙하 위를 오르락 내리락 하며 오느라 땀을 너무 많이 흘려 호불체에 도착하자마자 등목을 했다. 고산에서 등목을 하거나 머리를 감는 건 고소를 맞을 수 있어서 금기사항이다. 하지만 발토르 트레킹은 고도를 천천히 올리고 사막같이 뜨거워 등목의 유혹을 뿌리치지 못했다. 땀을 식힌 뒤 텐트 안에 들어가 쉬었다.

호불체는 빙하지대지만 빙하 위가 아닌 빙하 가장자리 땅 위에서 잘 수 있는 곳이었다. 나무 한 그루 없는 곳이지만 빙하에서 길어온 물과는 비교할 수 없을 정도로 산에서 내려오는 맑은 물도 있었다. 차를 마시며 우리가 갔다 온 트랑고 타워를 쳐다보았다.

왜 이 고생을 하면서 이런 길을 걷는 지 자문하지 않을 수 없었다. 누가 물으면 뭐라고 답할까? 어제 트랑고 베이스캠프에서 만난 여성 원정대원처럼 그냥 좋아하기 때문이라고 할까?

삭막한 빙하 위를 가는 카라코람 K2 발토르 트레킹은 화려한 미사여구가 어울리지 않았다. 좋아하지 않으면 할 수 없다. 고통에서 희열을 느끼고 성취감을 느끼는 건 트레킹을 하는 사람이나, 8,000m급 고산을 오르는 사람이나, 알파인으로 거벽을 오르는 사람이나 다 비슷할 것이다. 그렇기 때문에 힘들었던 고통은 잊고 또 다시 히말라야를 찾는다.

저녁을 먹고 텐트에 들어가 누워 있는데 포터들이 밤늦게까지 노래를 부르고 춤을 추고 놀았다. 라마단이 끝났기 때문이다.

술도 먹지 않고 무슨 신이 저렇게 날까? 그런 내 생각을 비웃기라도 하듯 그들은 잘도 놀았다. 술과 안주가 어우러지고 신나는 춤이 곁들여지는 것이 자연스러운데 그들은 술을 마시지 않고도 노래 부르며 신나게 춤추고 놀았다.

포터들은 신나게 놀지만 난 텐트 안에서 빼꼼히 그들이 노는 걸 쳐다보다가 사진 몇 장 찍고 그대로 누워 있었다. 그들과 어울려 놀고 싶었지만 내 몸 상태는 그런 낭만을 허락하지 않았다.

라마단

라마단이란 아랍어(語)로 '더운 달'을 뜻한다. 천사 가브리엘(Gabriel)이 무함마드에게 '코란'을 가르친 신성한 달로 여겨 이슬람교도는 이 기간 일출에서 일몰까지 의무적으로 금식하고 날마다 다섯 번의 기도를 드린다. 다만 여행자, 병자, 임신부 등은 면제되는 대신 후에 별도로 수일간 금식해야 한다. 이러한 습관은 유대교의 금식일(1월 10일) 규정을 본 떠 제정한 것인데, 624년 바두르의 전승(戰勝)을 기념하기 위하여 이 달로 바꾸어 정하였다.

신자에게 부여된 다섯 가지 의무 가운데 하나이며 '라마단'이라는 용어 자체가 금식을 뜻하는 경우도 있다. 이 기간에는 해가 떠 있는 동안 음식뿐만 아니라 담배, 물, 성관계도 금지된다.

라마단의 마지막 10일간은 가장 최고로 헌신하는 시간으로 이슬람교도들은 그 기간 사원 안에서 머물게 된다. 보통 27번째 되는 날을 '권능의 밤(Laylatul-Qadr 또는 Lailatul-Qadr)'이라고 하여 밤새워 기도한다. 라마단이 끝난 다음날부터 '이드알피트르(Eid-al-Fitr)'라는 축제가 3일간 열려 맛있는 음식과 선물을 주고받는다.

라마단은 해마다 조금씩 빨라진다. 이슬람력은 윤달이 없이 12개의 태음력으로 이루어져 있어 태양력보다 11~12일이 적기 때문이다. 해마다 라마단이 다가오면 전문가단이 구성되어 초승달을 관측하고 최고 종교지도자가 초승달을 육안으로 관찰한 후 라마단의 시작 날짜를 공포하며 같은 이슬람국가라도 교리에 따라 하루 정도 차이가 나기도 한다. 많은 이슬람교도들은 각자의 지역에서 달의 모양을 관찰한 결과를 토대로 라마단을 시작하지만 지역에 관계없이 사우디아라비아의 메카에서 초승달이 보이는 날짜를 따르는 신자들도 있다. 〈두산백과〉

독수리 날개를 펼친 마셔브럼(K1)

호불체에서 우루두카스를 지나 고로1로 가기 위해 길을 나섰다. 빠유를 벗어나면서 계속 빙하 위를 걸었다. 자갈 바위 등 돌무더기를 쌓아놓은 듯한 발토르 빙하 위를 오르락 내리락 하다가 날카로운 돌에 채이고 자갈에 주르륵 미끄러지기도 했다. 오르내림이 심한 안나푸르나 베이스캠프 가는 길과 비교할 수는 없지만 너덜길을 오르내리는 길이라 만만찮은 길이었다.

카라코람 K2 발토르 트레킹은 빙하의 여러 모습을 볼 수 있는 빙하 트레킹이다. 빙하 위를 걷고, 빙하 물로 밥을 하고, 빙하 위에서 잠을 잔다. 마을이 없으니 사람도 살지 않고 물론 동물도 없다. 삭막하다. 역설적이게도 삭막하기에 아름다웠다.

　3,800m 호불체에서 4,200m 고로1까지는 고도를 400m 올린다. 4,000m를 넘어가니 한기가 들어 그동안 쳐다보지도 않던 우무복을 꺼내 입었다.

　고도가 높아졌다는 걸 알 수 있었다. 100m 올라가면 기온이 0.5도 낮아진다. 3,000m인 아스꼴리에서 4,200m인 고로1에 왔으니 기온이 제법 내려가는 게 정상이다. 길이 정해져 있지 않은 빙하 위를 오르락내리락하면서 어느새 4,200m까지 고도를 올린 것이다.

　5,500만 년 전 호주-인도판과 유라시아판의 지각충돌로 거대한 히말라야 산맥과 카라코람 산맥, 힌두쿠시 산맥이 생겼다. 발토르 빙하는 카라코람 산맥에 있는데 생각하는 것보다 훨씬 더 거칠고 험했다. 돌과 모래가 뒤섞인 빙하 위에 깨어진 돌들이 뾰족한 이빨을 내밀고 있었다. 우린 이런 거친 길을 가며 카라코람 발토르 빙하의 맨 얼굴을 온 몸으로 느끼고 있는 것이다.

　뜨거운 태양에 녹은 빙하가 물길을 만들면 우리는 그 물길을 통과해야 했다. 작은 물길은 쉽게 건너지만 조금 큰 물길은 신발을 벗고 건넜다. 빙하 위를 흐르는 얼음 같은 찬물에 발을 담그면 온 몸에 전율이 일었다.

　한참을 가자 빙하가 녹아 세차게 흐르는 냇물이 앞을 막았다. 어떻게 건널까? 빙하 물에 발을 담그는 건 싫지만 신발이 젖으면 그것도 큰일이어서 할 수 없이 신발을 벗고 건너기로 했다.

　같이 냇물을 건너다 '새벽산행'님과 '닭알'님이 그만 날카로운 돌에 부딪혀 발과 무릎이 찢어졌다. 제법 상처가 크게 나 연고를 바르고 붕대를 감는 등 응급처치를 했다. 빙하길을 걸은 경험이

없어 생긴 불상사였다.

　최소한 양말을 신고 건너거나 등산용 샌들을 신어야 했다. 최
후의 순간에는 등산화에 물이 들어가더라도 등산화를 신고 건너
야 다치지 않는다. 간단히 치료하고 다시 길을 나섰다.

　조금 가니 길가 큰 바위 옆에 주방장 임티아스가 점심으로 스
파게티를 준비해 놓고 기다리고 있었다. 맛있었지만 아직 배가
온전치 않아 조금만 먹었다.

　가야할 먼 길을 앞에 두고 컨디션이 회복되지 않아 걱정이 앞
섰다. 다행히 설사는 거의 멈춘 것 같았다.

고로1이 가까워오자 풍광이 가히 환상적이었다. 오른쪽에는 K1으로 명명된 해발 7,821m 마셔브룸이 하얀 독수리가 날개를 펼친 것 같은 모습으로 서 있었다. 하얀 만년설을 뒤집어 쓴 웅장한 자태가 시선을 끌었다. 정말 잘 생긴 멋진 청년을 보는 것 같았다.

마셔브룸은 파키스탄 사람들이 좋아하는 산이라는데 가까이서 보니 그럴만하다는 생각이 들었다.

마셔브룸은 1960년 미국팀에 의해 초등된 세계에서 24번째 높은 봉우리다. 8,000m가 넘지 않아 고산 등반가들이 많이 오르지는 않지만 그 자태만으로도 멋지고 아름다운 산이었다.

오른쪽으로는 하얀 눈을 뒤집어 쓴 K1 마셔브룸이 있고 정면인 콩고르디아 쪽으로는 8,000m급 봉우리인 브로드피크, 가셔브룸 산군이 보였다. 왼쪽으로는 빠유에서 보던 트랑고 산군과 계속 이어진 누렇고 검은 돌산이 우리를 호위하듯 서 있었다. 이런 거대한 산군을 바라보며 걷는 환상적인 길이 이어지고 있었

다. 이제 거대한 풍광을 보는데 익숙해져서인지 뾰족한 침봉들이 위압적이지 않고 오히려 편안함을 주었다. 천천히 고로1로 발걸음을 옮기며 행복감에 젖어들었다.

　드디어 고로1이다. 고로1 캠프사이트는 앞뒤로 탁 트여 전망
이 기가 막히게 좋았다. 마셔브럼이 눈앞에 있고 콩고르디아 뒤
로는 가셔브럼4가 당당하게 서서 우리를 빨리 오라고 손짓했다.

　저녁이 되자 이제까지의 더위는 어디로 갔는지 추위가 스멀
스멀 밀려들어왔다.

　4,000m가 넘는 고산에 왔으면서도 추위를 잊고 있었다. 뜨거
운 태양을 온 몸으로 받으며 더위에 지쳐서 고도를 올리면서도
추울 거라는 생각을 하지 않은 것이다.

아! 콩고르디아

아<small>침에</small> 일어나니 짙은 구름이 하늘을 뒤덮고 있었다. 그 구름 뒤에서 태양이 강렬한 빛을 뿜어내고 있었다. 먹 구름도 그 강렬함을 이기지 못하고 구름사이로 뿜어져 나오는 빛이 아름다웠다. 사진을 몇 장 찍은 뒤 짐을 쌌다. 매일 짐을 싸 고 푸는 게 나그네의 일이다.

태양이 뜨지 않는 흐린 해발 4,300m 고산은 춥다. 히말라야에 오면 고도가 높은 곳이라도 햇살이 퍼지고 그 햇살을 온 몸으로 받으면 체온이 오르면서 생기가 돈다. 그런데 오늘은 해가 뜨지 않았다. 그래서 더욱 몸이 무거웠다. 그래도 나그네는 길을 가야 한다.

입맛이 없어 아침밥을 조금만 먹고 오늘의 목적지 콩고르디아로 나섰다. 고도를 올려서인지 생각보다 쌀쌀해 옷깃을 여몄다.

빙하 위를 걸은 날이 며칠 째인가? 거친 잡석으로 덮인 빙하길을 언제부터 걸었는지 기억 속에서 아득히 멀어지고 있었다. 거친 빙하길에 신발도 상처투성이었다.

오늘은 빙하 물에 발 담그는 일이 없기를 소망했다. 빙하 물에 발을 담근다는 상상만 해도 소름이 돋았다.

빙하 위를 뚜벅뚜벅 걷고 있는데 빗방울이 툭툭 떨어지기 시작했다. 4,000m가 넘는 고산에 웬 비란 말인가? 시간이 갈수록 세차게 내렸다. 뜨거운 태양을 가리기 위해 준비한 우산을 제대로 쓸 기회지만 어제 빙하 물을 건너다 잃어버려 차가운 비를 그대로 맞았다. 고어텍스 재킷도 카고백에 있어 어쩔 수 없이 내리

는 비를 온 몸으로 맞았다.

사막 같은 불볕더위를 거쳐 오며 비가 오리라는 생각을 못한 것이다. 추워서 옷을 있는 대로 껴입고 걷고 있는 내 모습을 본 '새벽산행'님이 자기는 고어텍스를 입고 있다며 쓰고 가던 우산을 주었다. 비가 오는 차가운 고원길에서 따스한 정이 전해져 왔다.

히말라야 깊숙이 들어오면 아무리 돈이 많아도 필요한 물건을 살 수 없다. 오직 자신이 준비해 오지 않으면 불편하더라도 참을 수밖에 없다. 트레킹을 같이 하면서 서로 도움을 주고받고 교감을 나누다보면 자연스레 동지애가 생긴다. 이렇게 서로서로 챙겨주고 배려함으로써 힘든 트레킹을 즐겁게 하는 것이다.

비는 그치지 않고 계속 내렸다. 뒤돌아보니 지나온 트랑고 캐슬 쪽에 산사태가 나 온 대지가 뿌옇다. 거대한 바위산에서 얼마나 큰 바위들이 떨어져 나갔는지 오랜 시간동안 흙먼지가 하늘을 뒤덮고 있었다.

저 멀리 콩고르디아가 보였다. 줄기차게 내리던 비도 점점 잦아들어 반가웠다. 열사의 땅에 비가 오는 것은 축복이라지만

5,000m를 바라보는 고산에서 차가운 비를 맞는 건 나그네에겐
결코 축복일 수 없었다.

비가 그치면서 구름 속에 가렸던 하늘이 살짝살짝 얼굴을 내
밀었다. 언뜻언뜻 비치는 파란 하늘이 맑게 빛나고 있었다.

안개 낀 빙하길을 터벅터벅 걸었다. 얼마쯤 갔을까? 우리 주방
팀이 길가에서 점심 준비를 하고 있었다.

캠핑 트레킹을 하면 세끼 식사는 모두 주방팀이 준비한다. 아침과 저녁은 캠프사이트에서 먹지만 점심은 적당한 곳에서 먹는다. 그곳이 길가인 경우도 있고 아늑한 바위 옆일 때도 있다.

주방팀은 우리들의 아침 식사가 끝나자마자 점심 식사할 재료를 챙겨 쏜살같이 간다. 그 걸음이 얼마나 빠른지 우리가 도착하기 전에 점심식사를 차려놓고 기다린다.

점심은 계란 1개, 감자 1개, 파키스탄 라면이었다. 그저께 계란이 상한 걸 봐서인지 계란에는 손이 가지 않았다. 멀건 파키스탄 라면도 입맛에 맞지 않아 감자만 1개 먹었다. 배가 고파 점심을 기다렸지만 입맛이 떨어져 부실한 점심마저 잘 먹지 못했다.

점심을 먹는 둥 마는 둥 먹고 일어섰다. 조금 가니 언제 죽었는지 뼈와 가죽만 남은 채 풍화되어 가는 당나귀가 있었다. 며칠째 빙하 위에서 죽은 당나귀들을 보았다. 오늘도 모든 육신은

바람에 날아가고 뼈만 남은 당나귀를 보며 그들의 거친 일생을 생각했다.

문명의 손길이 닿지 않은 이곳은 오로지 사람과 당나귀들의 힘으로 짐을 나른다. 사고가 나거나 병들면 그곳이 당나귀에겐 무덤이 된다. 평생 거칠고 험한 카라코람 발토르 빙하 위에서 짐을 나르다 그 빙하 위에서 잠드는 것이다. 인간의 삶이 다 같지 않듯이 당나귀도 나고 감이 다 같지 않았다.

이제 높이도 4,500m를 왔다갔다 했다. 콩고르디아 못 미쳐 파키스탄 군 캠프가 있었다. 군인들이 지나가는 트레커들에게 따뜻한 차와 치즈를 내놓았다. 우리도 파키스탄 군인들과 같이 앉

아 몇 마디 말을 나누었다.

트레킹 기간에만 가끔 사람을 만날 뿐 하루 종일 있어도 사람 구경하기조차 힘든 곳이라 사람이 그리운 곳이다. 차가운 빙하 위에서 먹는 따뜻한 차 한 잔과 치즈 한 조각에 인간의 온기가 느껴졌다. 군인들과 작별의 인사를 나누고 구름이 잔뜩 낀 콩고르디아로 향했다.

저 멀리 보이는 콩고르디아는 구름이 잔뜩 끼어있어도 그 아름다움은 낭중지추처럼 숨길 수가 없었다. 고산이 병풍처럼 펼쳐져 시선을 압도했다. 크레바스를 건너고 빙하길을 걷고 걸어 콩고르디아 입구에 다다르자 우리 주방팀 막내 '모심'이 차를 가지고 마중을 나왔다.

주방팀은 이렇게 날씨가 좋지 않거나 하루 운행 거리가 길어 트레커들이 힘들어 할 때쯤이면 보온병에 차를 끓여와 온기를 넣어주었다. 따뜻한 차를 마시며 서 있는데 모심이 콩고르디아에 펼쳐진 산의 이름을 가르쳐주었다.

구름에 가려 보이지 않는 8,611m 세계 2위봉 K2를 비롯해 브로드피크, 가셔브럼4, 발토르 캉그리, 시아 캉그리, 초골리사, 가셔브럼2 등 8,000m급 봉우리와 7,000m급 봉우리들을 차례로 가리켰다. 그리고 우리가 퍼밋을 받으면 넘어갈 곤도고로라 고개 방향과 K2 베이스캠프, 가셔브럼1, 가셔브럼2 베이스캠프 방향을 일러주었다. 웅장하게 펼쳐지는 고산들이 힘들게 올라온 것에 대한 보상이라도 하듯 장관을 연출하고 있었다.

차를 마시고 조금 더 가니 우리 텐트가 보였다. 그곳은 평원처럼 넓은 콩고르디아였다.

아! 콩고르디아!

비가 흩뿌리는 콩고르디아가 반갑게 다가왔다. 콩고르디아에 오니 트레킹을 다 한 것처럼 기뻤다. 세계 2위봉인 K2를 비롯해 8,000m 고봉인 브로드피크와 가셔브럼 산군을 트레킹하는 베이스캠프 역할을 하는 곳이다. 또 이들을 한눈에 조망할 수 있는 요충지이기도하다.

'신들의 정원'이라는 이름이 무색하지 않았다. 한참이나 콩고르디아 빙하 위에 서서 귀를 쫑긋 세웠다. 카라코람의 숨소리를 듣고 싶어서다. 만년설에 덮인 고산의 위용도 느끼고 싶었다.

내일은 신이 허락하시어 힘들게 찾아온 이방인들이 밝게 빛나는 태양 아래 우뚝 선 K2와 브로드피크의 멋진 모습을 볼 수 있기를 기도했다.

K2

K2는 영국의 지형학자 헨리 고드윈 오스틴의 이름을 따 고드윈 오스틴 산이라고도 하는데 이는 1861년 고드윈 오스틴이 발토로 빙하를 발견한 후 처음으로 K2에 접근한 업적을 기념하여 붙인 이름이다.

이곳 사람들은 K2를 '위대한 산'이라는 뜻으로 '초고리'라고 부른다. 높이가 8,611m인 K2는 세계에서 두 번째로 높은 산이자 가장 험준한 산으로 손꼽힌다. 6,000m까지 산은 온통 바위투성이며 그 위로는 깊은 만년설이 하얀 평원을 이루고 있다.

K2는 산 이름치고는 독특한데, 파키스탄과 중국의 국경에 있는 카라코람 산맥을 탐사하는 과정에서 탐사한 산의 순서에 따라 K1, K2……로 이름을 붙였다. 세계 최고봉인 에베레스트에 이은 세계 제 2의 고봉인 '초고리'는 카라코람에서 두 번째로 탐사한 산이어서 K2라고 부르게 되었다.

K2는 작은 실수도 용납하지 않아 '죽음의 산'이라는 이름을 얻었다. 이 별칭처럼 수많은 희생자를 낸 후에야 정상 등반에 성공했다.

영국의 에켄슈타인 원정대가 4각추의 북동 능선에서 6,700m 높이까지 올랐으나 정상에 도달하는 데에는 실패했고, 1938년과 1939년에는 미국 원정팀들이 사고를 당하기도 했다. 정상은 이탈리아의 테시오 탐험대에 의해 1954년에 마침내 등정되었다.

2013.08.12
하늘의 절대 군주, K2를 만나다

깊은 밤 빗소리에 잠이 깼다. 오늘 날씨도 비가 오거나 흐릴 거라는 생각을 하며 다시 잠을 청했다.

이른 아침 텐트 밖으로 나오니 넓은 콩고르디아에 비는 그쳤지만 구름이 잔뜩 끼어 있었다. 조금 있으니 짙은 구름 사이를 뚫고 강렬한 햇빛이 비쳤다. 일출이 시작되고 있는 것이다. 운무가 낀 콩고르디아에서 구름 사이로만 보이는 일출이어서 아쉬웠다. 날이 맑았으면 8,000m 고봉에 둘러싸인 멋진 일출을 감상했을 것이다.

일출이 끝나고 텐트 안으로 들어와 카고백을 쌌다. 빙하 위에서 지낸 시간만큼이나 피로가 누적되어서인지 몸이 무거웠다.

콩고르디아에서 8시간 정도 거리인 해발고도 5,135m인 K2 베이스캠프로 간다. 룸메이트인 '하노이백수'님은 K2 베이스캠프를 안 가고 콩고르디아에서 쉬기로 했다. 체력이 너무 떨어져 컨디션이 좋지 않아서다.

내 짐만 싸고 아침을 먹었다. 이 밥을 위해 많은 스탭들이 고생하지만 참 부실한 아침밥이다. 5,000m 높이의 빙하 위에서 밥의 소중함보다 내 입맛의 간사함에 새삼 인간의 욕망을 생각했다.

출발에 앞서 가이드가 1시간 걷기까지는 아주 위험하다며 다같이 움직이자고 당부했다. 배낭을 메고 밖으로 나오자 생각지도 않은 일이 일어났다. 구름에 싸여 모습을 보여주지 않던 K2가 검은 얼굴을 내밀었다. 삼각뿔의 K2는 정상부에 부는 강한 바람과 급경사 때문에 만년설도 머물지 못하고 검은 바위를 그대로 드러내고 있었다.

8,611m 세계 2위봉인 K2. '하늘의 절대 군주'라는 이름에 걸맞는 위용을 뽐내며 구름 사이로 장엄한 자태를 드러냈다.

　　수많은 사람들이 정상에 도전했고 또 수많은 실패를 안긴 K2. 히말라야 8,000m급 고봉을 오르는 건 신의 허락이 없으면 안 된다. 신의 허락을 받기 힘든 산 중에서도 으뜸인 산이 K2다.

　　구름 사이로 잠깐씩 K2가 보이다가 그 자태를 온전히 드러낼 때는 넋을 잃은 사람처럼 한참을 쳐다보았다. 고산 날씨는 정말 알 수 없었다. 절대 보여주지 않을 것 같던 K2를 이렇게 보여주었다. 봐도 봐도 다시 보고 싶을 만큼 멋진 산이었다. 한참동안 넋을 잃고 바라보다가 K2 베이스캠프로 가기 위해 발걸음을 옮겼다.

　　얼마가지 않아서 거대한 얼음벽이 앞을 막았다. 조심조심 오르자 이번에는 거대한 얼음 빙하를 거의 수직에 가깝게 내려가야 하는 절벽이 나왔다. 가이드가 같이 가자고 한 이유를 알 수 있었다.

지름 1cm 정도 되는 전선줄을 기다란 통나무에 감아 커다란 돌멩이와 함께 빙하에 끼워놓았다. 그 전선줄을 잡고 내려가야 한다. 무거운 짐을 진 포터들도 서로 도와가며 내려갔다. 위에서 내려다보니 조금 겁이 났다. 내 차례가 되어 줄을 잡았는데 미끄러워 쭉 내려갈 것 같았다. 그래서 장갑을 벗고 줄을 잡으니 괜찮았다. 한 손 한 손에 온 몸의 힘을 실었다. 이럴 때 아이젠이 필요하지만 카고백에서 꺼내지 않아 쓸 수가 없었다. 가이드가 출발하기 전에 준비시켰다면 하는 아쉬움이 들었다.

저 멀리 빤히 보이는 곳이 K2 베이스캠프다. 눈 앞에 보여 가는 길이 크게 힘들지 않을 거라고 생각한건 큰 오산이었다. K2는 베이스캠프 가는 길도 만만찮았다. 5,000m 위를 걷는 빙하길은 여전히 고난도였다.

서서히 지쳐갈 무렵 브로드피크 베이스캠프에 도착했다. 브로드피크 베이스캠프도 아무런 표시도 흔적도 없는 빙하 위에 있었다.

주방팀이 점심을 해놓았는데 감자 1개와 내가 가져온 멸치 몇 마리 넣고 끓인 국밥이었다. 멸치 국물 맛이 입맛을 자극했다. 내가 좋아하는 멸치 육수가 조금이나마 우러난 국밥이라 맛있게 먹었다.

차를 마시며 브로드피크를 쳐다봤다. 구름에 덮였던 브로드피크가 조금 얼굴을 내미는가 싶더니 다시 구름이 가려버렸다. 구름에 싸인 브로드피크를 뒤로 하고 K2 베이스캠프로 향했다. 에너지가 다 떨어졌는지 발걸음에 속도가 나지 않았다.

찬바람이 불고 우박이 내리더니 이내 비가 뿌리다가 살짝 햇빛도 났다. 정말 천변만화하는 날씨다. 추워서 옷을 하나 더 껴입고 묵묵히 걸었다.

이렇게 지치고 힘든 곳이지만 히말라야에 오면 누구나 하나의 깨달음은 얻는다고 한다. 그래서 수행자도 찾고 영혼이 지친 사람도 찾는다. 몇날 며칠 모래와 돌로 뒤범벅된 거친 빙하길을 걸으며 나는 이 길 위에서 어떤 깨달음을 얻었는가?

K2 베이스캠프 가는 너덜빙하 옆으로 탑처럼 솟은 하얀 빙탑이 이어졌다. 수천만 년간 이어진 순백의 빛을 보는 것 같았다. K2 베이스캠프 가는 길은 빙하도 아름답게 그 위용을 드러냈다.

스키앙 빙하, 마르포퐁 빙하, 사보이아 빙하, K2 빙하, 고드윈 오스틴 빙하, 필리피 빙하 등 6개의 빙하가 밀어올린 너덜 빙하 위에 브로드피크 베이스캠프가 있고 그 빙하를 거쳐 K2 베이스캠프로 간다.

중간 중간 보이는 크레바스의 위용도 대단했다. 가이드는 위험하다 싶은 곳에서는 우리가 올 때까지 기다리고 있다가 우리가 오면 같이 갔다. 한순간 잘못하면 영원히 빙장(?)이 될 것 같았다. 지친 몸을 이끌고 겨우 K2 베이스캠프에 도착했다.

이미 원정 시즌이 끝나서인지 원정대들은 모두 철수하고 우리뿐이었다. 원정팀이 없는 K2베이스캠프가 을씨년스럽게 느껴졌다. 안개가 끼고 하늘에선 비를 뿌렸다.

맑고 청명한 하늘을 기대했는데 아쉬웠다. 흐린 날씨에 비까지 오니 으스스했다. 한기가 들어 서둘러 텐트 속으로 들어가 우모복을 꺼내 입었다.

K2 베이스캠프에서 지난 여름, 자신을 다 바쳐 K2를 오른 산악인들을 생각했다. 성취는 멀리 있고 고통은 곁에서 끊임없이 자신의 인내를 시험했을 것이다. 신의 영역으로 간다는 건 결코 쉬운 일이 아니다.

2013.08.13.

구름에 싸인 K2 베이스캠프

K2 베이스캠프 날씨가 변덕스러웠다. 밤새 비도 흩뿌리고 우박도 떨어지고 눈도 내렸다. 지난 밤 밖을 나가니 지척을 분간할 수 없을 만큼 안개가 끼어 있었다. 조심조심 텐트 주위를 걷다가 다시 들어와 밤을 보냈다. 아침에 일어나 보니 텐트 줄에 걸어두었던 등산용 타월이 얼어 있었다. 5,000m 고산이 춥긴 추웠다.

운무가 춤을 추는 K2 베이스캠프에서 K2를 보니 K2는 완전히 구름에 가려 있고 브로드피크는 살짝 얼굴을 내밀었다.

　구름 속에서 나온 검은 브로드피크의 얼굴이 웅장하다. 제트
기류가 지나가는지 머리에 날렵한 모자를 썼다. 수시로 패션을
바꾸는 모델같이 그 모양이 예사롭지가 않았다. 브로드피크를
감상하다가 눈길을 돌려 K2를 다시 바라보았지만 K2는 끝내 얼
굴을 보여주지 않았다.

　K2 베이스캠프를 산책하듯 걷고 있는데 '닭알' 님이 사진을
찍어 달라고 했다. '아리랑은 우리 노래'라는 현수막을 들고 K2
를 배경으로 찍은 사진을 페이스북에 올릴 거라고 했다. 중국이
'아리랑'도 자기네 노래라고 우기는데 그게 아니라는 걸 알리려
는 것이다.

구름에 가린 K2 대신 브로드피크를 배경으로 사진을 찍고 K2 베이스캠프를 떠날 준비를 했다. K2 코앞에 와서 K2를 보지 못하고 발길을 돌리려니 아쉬움이 몰려왔다. 어제 아침에 본 K2가 눈앞에 어른거렸다.

산 모양이 삼각뿔의 피라미드 같이 생겨 세상에서 가장 큰 피라미드라 불리는 K2. 그 명성만큼 쉽사리 온전한 모습을 보여주지 않았다. K2 베이스캠프에 온 것으로 만족해야 했다.

다시 우리의 베이스캠프격인 콩고르디아로 향했다. 같이 온 형님 두 분의 얼굴이 많이 수척하다. 동료를 생각하는 마음이 지극한 '마음애잔'님과 '부리바'님도 산에서 단련된 몸이지만 살이 많이 빠졌다. 지금 같은 부실한 음식으로 이렇게 힘든 빙하길을 오랫동안 걸으면 그럴 수밖에 없을 것이다.

K2를 오르다 숨진 산악인을 추모하기 위해 만든 메모리얼이

빤히 보였다. 그 곳을 향해 서서 고인이 된 산악인들의 명복을
빌었다.

　내려갈 때는 오른쪽으로 빙탑이 있는 하얀 빙하 지대로 들어
갔다. 사진도 찍고 여유를 부리며 빙하길을 걸었다. 걷기가 훨
씬 수월했다. 돌자갈과 모래로 뒤범벅된 길을 걷다가 얼음으로
만 된 빙하길을 걸으니 발목이 편안했다. 그러나 이 길을 계속갈
수는 없다. 콩고르디아로 가는 길과 자꾸 멀어지기 때문이다. 한
참을 내려가다가 다시 돌 자갈 빙하 위로 올라왔다.

　쌀쌀한 날씨에 옷을 하나 더 꺼내 입고 걷고 있는데 저 멀리 주
방팀이 보였다. 아직 10시도 안 됐는데 이곳이 아니면 식사할 장
소가 마땅치 않은지 점심식사를 준비 중이었다.

　누룽지 한 그릇으로 점심을 해결하고 있는데 차가운 비가 내려 서둘러 고어텍스를 꺼내 입었다. 빗줄기가 점점 거세지지만 다행히 바람은 불지 않았다. 이 날씨에 바람까지 분다면 정말 지옥이 따로 없을 것이다.

　길을 잘 아는 포터를 앞세워 콩고르디아로 가는 빙하길이 어제 온 길이 맞나 싶을 정도로 생소했다. 곳곳에 길이 끊어져 있어서 더 위험해 보였다. 원래 빙하길이 정해져 있는 건 아니지만 하룻밤 새 빙하가 움직였을 리도 없을 텐데 길이 바뀐 것 같았다. 알고 보면 참 무서운 길이다.

무거운 짐을 지고 앞서 걷던 포터들도 가다가 길이 끊어진 곳에서는 더 이상 가지 못하고 비를 흠뻑 맞은 채 돌아왔다. 측은하고 안쓰러웠다. 포터들은 남루한 옷을 입고 무거운 짐을 지고 가지만 결코 웃음을 잃지 않았다. 이들이 아니면 K2 트레킹은 할 수 없다.

가이드와 길을 찾고 새로운 길을 만들며 빗속을 걸었다. 오르락내리락 얼마나 걸었을까? 어제 K2 베이스캠프 가려고 밧줄을 타고 내려온 곳까지 왔다. 저 멀리 빗속에서 오고 있는 우리 일행과 포터를 기다렸다. 다 같이 모인 후에 어제 내려온 수직의 하얀 빙하를 다시 밧줄을 타고 올랐다. 오늘은 아이젠을 신고 오르니 조금 수월했다.

조심조심 올라와 다시 하얀 얼음 빙하 위를 걸어 내려와 콩고르디아 캠프지로 향했다. 찬 비는 그치지 않고 계속 내렸다. 비를 맞으며 구름이 쫙 깔린 콩고르디아에 도착하자마자 감기에 걸릴까봐 텐트 안에 들어가 젖은 옷을 갈아입었다.

내일은 가셔브럼1, 가셔브럼2 베이스캠프도 가고 일정대로 곤도고로라를 넘을 수 있을까? 착잡한 마음으로 비에 젖은 콩고르디아를 바라보았다.

브로드피크

처음에는 K3로 불린 브로드피크(Broad Peak, 8,047m)는 중국과 파키스탄의 국경지대에 위치하고 있는 세계에서 열두 번째로 높은 산이다. '넓은 눈의 산'이라는 뜻을 지닌 브로드피크는 '육중하고 험악한 괴물'이란 별칭도 갖고 있다. 세계에서 두 번째로 높은 K2와는 불과 8km 떨어진 곳에 있다. 1957년 6월 9일 오스트리아 등반대가 첫 등정에 성공하였다.

2013.08.14

끝내 받지 못한 곤도고로라 퍼밋

어제부터 내리던 비가 쉬지 않고 계속 내렸다. 이제 계획된 시간표는 아무 의미가 없다. 가셔브럼1, 가셔브럼2 베이스캠프로 가려던 계획도 취소됐다. 찬 비가 내리는 콩고르디아에서 예정에 없던 휴식을 취했다.

'인샬라!'. '신의 뜻대로'다. 우리가 비에 갇혀 있는 것도 신의 뜻인지 모른다. 이번 트레킹을 준비하며 K2 발토르 트레킹에 대한 자료가 너무 빈약해 철저한 준비를 하지 못한 점이 아쉬웠다.

네팔 히말라야 트레킹을 기준으로 준비했지만 발토르 트레킹은 빙하 트레킹이라 네팔 히말라야 트레킹과는 달라도 너무 달랐다. 더 세심한 배려가 필요했는데 오히려 소홀했다. 그래서 많은 대원들이 힘들어 한 것이다.

빙하 위에서 잠을 잘 때는 좋은 매트리스가 필수다. 에이전시가 새로운 매트리스를 준비했다며 걱정 안 해도 된다고 했다. 그거면 되겠지 했는데 그건 그들의 기준일 뿐이었다. 낮에는 엄청난 열기를 내뿜지만 밤이 되면 빙하에서 냉기가 올라왔다. 밑에서 올라오는 냉기를 부실한 매트리스는 다 막지 못했다. 그러니 숙면을 취할 수가 없었다.

고된 트레킹을 즐겁게 하려면 잘 먹어야 한다. 이번 트레킹을 위해 닭도 여러 마리 잡고 염소도 한 마리 잡았다. 문제는 요리다. 한국인 트레커를 자주 접하지 못하는 이곳에서는 한국 음식을 요리할 주방장을 구하기 쉽지 않은 것 같았다. 무엇보다 간장, 된장, 고추장 등 기본양념은 물론이고 김치도 없었다.

하루 종일 걸어 피곤한데다 고도까지 올리면 식욕이 떨어지기 마련인데 그런 상태에서 우리 입맛에 맞지도 않는 음식을 가져오니 제대로 먹을 수가 없었다. 우리가 비상용으로 조금씩 가져간 고추장, 된장은 금방 동이 났다. 그 이후엔 오로지 생존을 위해 입맛에 맞지 않아도 먹을 수밖에 없었다.

네팔에는 히말라야 트레킹을 하러 한국 사람들이 많이 간다. 그래서인지 한국 음식을 잘 하는 주방팀이 있어 음식 걱정은 덜한 편이다. 물론 아무리 음식을 잘해도 고도를 올리면 입맛이 없어 잘 먹지 못한다. 이번 팀은 트레킹 경험이 풍부한 사람들이어서 음식만 잘 나왔으면 아주 건강하게, 더 즐겁게 트레킹 했을 것이다.

파키스탄 K2 트레킹을 하려면 음식 준비 상황을 잘 챙겨야 한다. 그리고 주방장이 한식을 할 줄 아는지 꼭 확인해야 한다. 음식 걱정하지 말라는 에이전시 말을 그대로 믿다간 낭패를 당할 수 있다.

　그들의 아무 문제없다는 '노 프라블럼'은 우리들 기준이 아니어서 큰 문제를 일으키는 '프라블럼'이 될 수 있다.

　음식을 아무거나 잘 먹는 사람도 오랜 기간 트레킹을 하다보면 식욕을 잃게 된다. 그리고 대부분의 사람들은 음식에서 자유롭지 못하다. 음식이란 게 그 나라의 오랜 전통이 스며든 것이어서 식습관이 하루아침에 바뀌지 않는다. 특히 발효식품 위주로 입맛이 길들여지고 찌개와 국, 반찬 등 다양한 먹거리에 익숙한 한국 사람은 서양 사람들에 비해 음식으로 인한 고통을 더 받는다. 철저한 준비가 있어야 하는 이유다. 파키스탄에도 한국 음식을 잘 만드는 주방장이 있고, 한국 음식이 네팔처럼 잘 나오겠지 하고 챙기지 않은 것은 큰 실수였다.

　이른 새벽부터 밤늦게까지 음식을 준비하는 주방팀의 노고는 눈물겨울 정도다. 하지만 그들이 애써 만든 음식은 우리 입맛에 맞지 않을 때가 많았다. 그동안 서밋 카라코람 익발 사장이 진행한 원정대나 트레킹 팀은 자기들 먹을 음식을 대부분 한국에서 다 준비해 왔다는 것을 뒤늦게 알았다. 그래서 우리 팀도 으레 그럴 것이라 생각한 것 같았다. 그러나 우리는 네팔 히말라야 트레킹 경험에 비추어 당연히 현지 에이전시가 철저히 준비하고 트레킹 기간 내내 한식으로 잘 나올 것이라 생각한 것이다. 서로 간에 의사 소통이 부족해 음식으로 많은 어려움을 겪었다.

비가 오는 날이라 포터들도 휴식을 취했다. 전날 하루 종일 비를 맞으며 빙하 위에서 동분서주하며 길을 찾았다. 얼음 같은 빙하 물에 서슴없이 발을 담그다 날카로운 돌에 찢겨 상처가 나기도 했다. 무거운 짐을 지고 차가운 비에 흠뻑 젖어도 웃음을 잃지 않고 묵묵히 짐을 지고 가는 포터들이 고맙기도 하고 안쓰럽기도 했다.

히말라야 트레킹이 그렇듯이 K2 트레킹도 모든 걸 포터들의 힘에 의존해 움직일 수밖에 없다. 특히 이번 트레킹은 빙하 트레킹이다. 빙하는 수시로 길을 달리하여 사람은 가도 말은 갈 수 없는 곳도 있다. 그만큼 사람의 힘이 많이 필요한 곳이어서 포터들도 많이 필요하다. 이곳 포터들은 자기들이 먹을 음식은 자기들이 가지고 다녔다.

주식은 넓적한 빵같이 생긴 짜파티이다. 네팔 히말라야 트레킹을 하면서 볼 수 있는 '티베탄 브레드'나 인도 여행에서 보는 '난'과 비슷하다. 주재료인 밀 등 곡물을 갈아 반죽하여 만든다. 대여섯 명이 한 대꼴로 버너를 가지고 다니며 이 빵을 구워 주로 콩과 커리로 만든 '달'과 함께 먹는다.

그리고 잠은 빙하 위에 돌을 쌓고 그 위에 비닐을 친 뒤 매트리스나 담요를 깔고 옹기종기 모여 잔다. 과연 저렇게 잘 수 있을까 싶을 정도로 부실하다. 비가 많이 와도 빗물을 툭툭 털어내며 잔다. 옷도 남루하기 그지없다. 그들 나름의 보온 대책이 없지 않겠지만 이방인이 보기에는 저렇게 밤을 지새우고도 아무렇지도 않다는 듯이 일어나는 게 경이로울 따름이었다.

인간은 환경의 지배를 받고 또 그 환경에 적응하며 살아왔다. 그런데 같은 공간에서 숨 쉬고 있어도 많이 다르다. 한켠에서는 첨단 장비를 갖추고도 힘들어하고, 또 다른 한켠에선 고대로 돌아간 듯한 옷차림으로도 웃음을 잃지 않는다. 그런 그들을 보면 마음이 짠하다.

폴라텍 티셔츠와 겨울용 등산바지, 구스다운 점퍼를 가이드와 포터에게 하나씩 주었다. 히말라야 트레킹 할 때마다 트레킹이 끝나면 여유가 있는 등산복은 가이드와 포터에게 주었는데, 이번에는 추운 날씨에 비도 오고하여 미리 주었다. 옷을 주자 바로 입고 고맙다는 듯 환한 웃음을 지었다.

　밤새 비와 눈이 번갈아 내리더니 한낮이 되어도 그치지 않았다. 온 천지가 하얗게 내려앉아 있다. 이 빗속에서도 사람과 당나귀는 살아 움직였다. 8,000m급 위용을 자랑하던 고봉들도 구름에 가려 보이지 않았다. 오로지 구름세상이다. 당나귀도 찬비에 탈이 날까봐 비닐이나 낡은 담요를 등허리에 덮어 쓰고 있다. K2 발토르 빙하 위에 비가 내려 콩고르디아에 갇혀 있지만 비 내리는 풍경도 운치가 있었다.

　오후에 가이드가 곤도고로라 퍼밋을 확인하기 위해 익발 사장과 위성전화로 통화했다. 이곳은 오직 위성 전화만 가능해 스카르두를 출발할 때 가셔브럼1을 오른 김미곤 대장이 쓰던 위성전화를 빌려왔다. 익발 사장과 통화한 가이드가 아직 곤도고로라 퍼밋이 나오지 않았다고 했다. 곤도고로라 고개를 넘는 것이 이번 트레킹의 화룡점정인데 퍼밋이 나오지 않자 다들 허탈한 표정이었다.

한국을 출발하기 전에 낭가파르밧 디아미르 베이스캠프에 테러가 일어나 파키스탄 군 당국이 퍼밋을 내주는 조건을 새로 만들었다. 퍼밋 신청을 하면서도 우리가 계획한 날짜에 허가를 받을 수 있을까 하는 의문이 조금 들었다. '그래도 되겠지' 했는데 막상 넘을 수 없다는 통보를 받으니 아쉽기 그지없었다.

점심을 먹고 회의를 했다. 학사일정 때문에 우리보다 먼저 들어와 혼자 쪽을 여행한 '릴리슈슈' 송선생은 개학이 코앞이라 더이상 기다릴 시간이 없었다. 그런데 생각지도 않은 60대 세 분 형님도 같이 내려간다고 했다. 송선생이야 출근이 정해져 있고 여행도 거의 다 마친 상태지만 형님들은 일정이 많이 남아 있었다. 형님들은 곤도고로라 고개를 못 넘을 바에야 일찍 가겠다는 것이다. 같이 일정을 끝마치자고 설득했지만 형님들의 생각을 바꿀 수 없었다.

결국 날씨와 상관없이 형님들과 송선생은 내일 내려가고 남은 사람들은 날씨 상황을 봐서 가셔브럼1, 2 베이스캠프로 가기로 했다.

    2~3일 계속 비가 내리면 남은 사람들도 식량이 떨어져 내려갈 수밖에 없다. 식량을 구입할 곳이 없으니 방법이 없는 것이다. 내려가는 팀과 남는 팀이 생겨 포터들과 스텝들의 팁을 계산했다.

    회자정리라지만 그동안 같이 동고동락한 팀원들과 헤어지는 아쉬움이 진하게 밀려왔다.

013.08.15

이별은 불편하다

이별의 날이다. 형님 세 분과 '릴리슈슈' 송선생은 하산하여 귀국길에 오른다. 다행히 밤새 내린 눈이 그쳤다.

넓디넓은 콩고르디아가 하얀 눈밭이다. 하늘엔 흰 구름이 가득했다가 가끔 푸른 하늘도 보여 주는 등 빠르게 전개되는 영화 장면처럼 콩고르디아의 표정이 다양하게 바뀌었다. 가히 환상적이고 몽환적이다.

세계 12위 고봉인 브로드피크에 햇살이 비치고 구름이 모였다 흩어졌다 조화를 부린다. 하지만 바로 옆에 있는 K2는 운무에 휩싸인 채 얼굴을 보여주지 않는다.

간간히 햇빛이 드는 아침, 모두 모여 식사를 하고 이별의 악수를 나누었다. 만나면 헤어지는 게 이치라지만 헤어진다는 것은 언제나 불편하다. 보름이상 동고동락한 날들이 눈앞에 스치고 지나갔다.

우리 팀 제일 연장자인 '마음애잔'님은 첫날부터 제일 뒤에 설 것을 자청했다. 오랜 기간 길을 걷는 트레킹은 자신의 속도로 걷는다. 그런데 '마음애잔'님이 자신의 속도를 희생하고 맨 마지막에 오는 사람을 위해 말동무가 되기로 한 것이다. 힘들어하는 동료를 응원하며 끝까지 길을 같이 갈 수 있도록 격려하는 일은 아무나 할 수 있는 일이 아니다.

춘천에서 온 '부리바'님도 자신보다 팀원들을 생각하는 마음

이 깊었다. 내가 트랑고 베이스캠프에서 배탈이 나 아무것도 못 먹고 누워 있을 때 말없이 수통에 미숫가루를 한 통 타 건네 주면서 격려하기도 했다.

이번 트레킹에서 하노이에서 온 '하노이백수'님이 유독 고생을 많이 했다. 세계 오지를 많이 다녔고 젊은 시절 대학 등산반에서 잔뼈가 굵었지만 세월의 무게는 만만치 않은 모양이었다. 후미에서 오느라 다른 사람보다 항상 몇 시간 늦게 목적지에 도착하지만 만면에 웃음을 띠고 들어오면서 유머를 발산해 웃음을 선사했다.

이런 배려가 있어서 콩고르디아까지 큰 사고 없이 모두 무사히 온 것이다. 그런데 함께 끝까지 트레킹을 마치지 못하게 되었다. 먼저 내려가는 형님들과 '릴리슈슈'님을 배웅했다.

서울서 만날 것을 약속하며 먼저 가는 사람은 내려가고 남을 사람은 남았다. 보내고 돌아서는 발길이 쓸쓸했다. 그동안 내리던 비가 그쳐 그나마 가는 발걸음이 가벼워 보여 다행이었다.

이제 남은 사람들의 일정이 시작됐다. 오전에는 그동안 내린 비로 젖은 침낭과 옷가지를 말리고 11시쯤 가셔브럼 1, 2 베이스캠프로 가기로 했다.

텐트 속에서 짐을 꺼내 모처럼 맑은 햇살에 옷가지와 침낭을 말렸다. 10시 30분쯤 짐을 다 챙겨 넣고 식사를 하고 길을 나서려는데 이게 웬일인가? 하늘에 구름이 쫙 덮이며 비가 떨어졌다. 아직 비가 끝나지 않았다는 것인가? 내리는 비를 보니 가슴이 답답해져 왔다.

며칠째 콩고르디아에 묶여 있어서인지 내리는 비가 더 차갑게 피부를 파고들었다.

조금이라도 비가 그칠 낌새만 보이면 출발할 요량으로 싼 짐을 다시 텐트에 넣고 하늘을 쳐다보았다. 하늘은 우리의 바람을 들어주지 않으려는지 하얀 운무와 비구름을 쉴 새 없이 일으켰다. 비가 그칠 조짐이 보이지 않았다.

그렇게 오후 1시가 지나자 결정을 내리지 않을 수 없었다. 오늘은 쉬고 내일 아침 일찍 가서브럼 1, 2 베이스캠프로 가기로 했다. 텐트 안으로 들어가 다시 매트리스를 깔고 침낭을 펼쳤다.

'든 자리는 몰라도 난 자리는 안다'는 속담처럼 텐트를 같이 쓰던 '하노이백수'님이 떠난 자리가 허전했다. 다들 자신의 길을 가지만 끝까지 이 길을 함께하지 못한 아쉬움이 전해져왔다.

카라코람 발토르빙하 위의 콩고르디아 텐트 안에서 차가운 빗소리를 들으며 지나온 길을 뒤돌아보았다. 힘든 길이지만 여기까지 올 수 있었던 건 서로에 대한 믿음과 사랑이 있었기 때문이다. 또 내일은 어떤 길이 눈앞에 펼쳐질 것인가?

2013.08.16

하얀 눈에 덮인 가셔브럼1, 2 베이스캠프

깊은 밤 텐트 밖으로 나와 하늘을 봤다. 몇날 며칠 하늘을 뒤덮었던 비구름은 다 어디로 가고 없고 하늘엔 별이 총총하다. 혼자 손뼉을 치며 기뻐했다. 내일은 틀림없이 맑으리라! 기분 좋게 침낭 속으로 들어가 잠을 청했다.

그런데 이게 웬일인가! 아침에 일어나니 하얀 구름이 콩고르디아를 다 덮고 있었다. 눈도 내렸다. 콩고르디아 날씨는 그야말로 신의 뜻대로였다. 정말 알 수가 없었다.

비가 쏟아지지 않는 이상 G1, G2 베이스캠프로 가기로 해 다

들 묵묵히 짐을 꾸렸다. 길을 가는 나그네는 매일 짐을 싸고 푸는 게 일이다. 가야할 길이 있는데 가지 못하면 밀려놓은 숙제를 하지 않은 것처럼 편안한 것 같아도 편안하지가 않다.

아침을 먹고 6시 30분 콩고르디아를 나섰다. 며칠 비에 갇혀 있어서인지 발걸음이 가벼웠다. 얼마가지 않아 갑자기 하늘이 뿌옇게 변하기 시작하며 눈발이 날렸다. 비가 오지 않는 걸 다행으로 생각하며 발걸음을 옮겼다.

3시간쯤 가자 캠핑 장소인 샤마(shama)가 나왔다. 어제 출발해 자기로 한 곳이다. 그곳에서 잤으면 오늘 일정이 한결 여유로웠을 것이다. 누룽지 한 그릇으로 점심을 해결하고 가셔브럼1, 2 베이스캠프로 향했다. 시간이 갈수록 눈발은 점점 굵어졌다.

너덜 빙하길 양 옆으로 엄청난 가셔브럼 빙하의 빙탑이 솟아 있었다. 하늘 높은 줄 모르고 치솟은 산에서는 수시로 눈사태가 났다. 아무도 없는 빙하 위에서 듣는 눈사태 소리에 몸이 움찔했다. 며칠간 계속 눈이 왔으니 그 무게를 견디지 못하고 쏟아

져 내리는 것이다.

천천히 걸으며 고도를 올렸다. 실핏줄처럼 난 빙하길에 눈이 하얗게 덮이고 있었다. 빙탑 위에도 눈이 덮여 빙하와 조화를 이루었다. 온 천지가 눈 세상이다. 하얀 눈과 검은 바위산이 흑백

으로 산수화를 만들며 장관을 연출했다.

길 양옆으로 솟아오른 거대한 빙탑들을 쳐다보며 생각했다.

'다시 이곳에 올 수 있을까?'

네팔 히말라야보다 더욱 더 오기 힘든 곳이고, 그곳과는 또 다

른 풍광이 가슴을 설레게 하는 곳이 이곳이었다.

한 걸음 한 걸음 힘겹게 걸음을 옮겼다. 눈발은 점점 거세지고 발걸음은 점점 느려졌다. 배탈이 난데다 음식도 부실해 그동안 축적된 에너지는 다 쓴 것 같았다.

목적지인 G1, G2 베이스캠프는 나타나지 않는데 5,000m가 넘는 빙하 위에서 다리가 휘청 휘청거렸다. 군데군데 '악마의 입'이라는 크레바스가 입을 쩍 벌리고 있었다. 잘못 쓰러져 처박히기라도 하면 끝장이다는 생각을 하니 아찔했다. 그러나 아무리 다리에 힘을 주려해도 이미 다리가 풀렸는지 술 취한 사람처럼 비틀거렸다.

사방이 빙하와 눈 천지다. 앞에 영국에서 온 노부부가 천천히 걷고 있었다. 얼마나 천천히 걷는지 지친 내가 답답할 정도여서 양해를 구하고 추월해도 속도는 크게 나지 않았다.

오르막을 힘겹게 오르자 파키스탄 군 캠프가 보였다. 같이 가

던 가이드가 군 캠프 맞은편 언덕에 우리 캠프가 있다고 희망을 주었다. 가까워 보이던 그 거리가 얼마나 먼지, 빤히 보이는데도 좁혀지지 않았다.

지친 몸을 이끌고 드디어 G1, G2 베이스캠프에 도착했다. 가셔브럼1, 가셔브럼2 베이스캠프가 하얀 이불을 뒤집어쓰고 있었다. 하얀 눈에 덮인 G1, G2 베이스캠프가 너무 아름다웠다. 7,000~8,000m급 고봉들이 좌우로 펼쳐지고 그 산에서 내려온 빙하가 강을 이루고 있었다.

의자에 털썩 주저앉아 '무엇을 하러 이렇게 힘들게 왔냐'고 나 자신에게 물었다. 이 광경을 보기 위해서인가?

물론 히말라야 트레킹의 일차적인 이유는 히말라야 풍광을 보는 것이다. 하지만 그것만이 전부는 아니다. 힘든 길을 걸으면서 자신과 대화하며 이런 고통의 길 위에서 자신을 뒤돌아보는 것이다.

나는 내 자신을 얼마나 뒤돌아 봤을까? 가만히 질문을 해 보지만 현실의 늪에서 허우적거리는 내 그림자만 눈앞에 어른거렸다.

하얀 눈 위에 식당 텐트를 먼저 만든 주방팀이 연신 눈을 냄비 속에 넣고 물을 끓였다. 따뜻한 차를 마시고 나와 하얀 눈이 덮인 가셔브럼1, 2 베이스캠프를 둘러보았다. G1, G2 베이스캠프는 말 잔등처럼 좁은 빙하 위에 있었다.

스텝들이 내가 있을 텐트를 치고 있었다. 눈을 다져 텐트를 치자마자 텐트 안에 들어가 누웠다. 가만히 눈을 감고 있으니 지난 유월 이곳에서 가셔브럼1, 2 정상 등정을 준비한 원정대가 떠올랐다. 그들은 이곳에서 정상에 오를 것을 기원하며 등정을 준비했을 것이다.

가셔브럼1을 등정하고 내려간 김미곤팀이나 가셔브럼2에서 조난당한 대만팀을 구한 제주도팀과 김영미팀 모두 대단한 사람들이다. 온갖 고난을 이긴 그들에게 그에 따른 마땅한 보상이 돌아가야 하지만 그렇지 못한 것이 현실이다.

그들의 도전이 정당한 보상을 받을 수 있어야 우리 사회가 탐험과 도전을 두려워하지 않을 것이라는 생각이 들었다.

원정대들이 여기 왔을 때는 이렇게 하얀 눈밭은 아니었을 것이다. 그동안 계절이 바뀐 것이다.

가셔브럼1, 2 베이스캠프는 눈 덮인 멋진 풍광으로 뜨거운 사막 같은 길을 걷던 때와는 또 다른 즐거움을 선사하고 있었다.

가셔브럼 1봉

가셔브럼 1봉(Gasherbrum I : 8,080m : K3)은 세계 제11위봉으로 파키스탄에서는 세 번째로 높은 산이다. '아름답다'의 '가셔'와 '산'이란 '브럼'의 합성어로 '아름다운 산'이라는 의미를 가지고 있다. 이 산은 다른 고봉들에 의해 가려져 있어, 독일 탐험가 윌리엄 마틴 콘웨이(William Martin Conway)는 이 산을 히든 피크(Hidden Peak)라고 불렀는데 이 산의 별명이 되었다. 1958년 7월 5일 미국 크린치에 의해 초등되었고, 라인홀트 메스너가 알파인 스타일로 등정하여 히든 피크는 알파인 스타일로 등정된 최초의 8,000m급 봉우리가 되었다.

가셔브럼 2봉

가셔브럼 2봉(Gasherbrum II : 8,035m : 일명 K4)은 중국 신장위구르 자치구와 파키스탄과의 경계에 있다. 세계에서 13번째로 높은 산이다. K4로도 불린다. 가셔브럼 2봉은 '빛나는 벽'이란 이름을 갖고 있다. ('빛나는 벽'은 원래는 '가셔브럼 4봉'의 애칭으로 붙인 이름이라 한다.)

1956년 7월 8일 오스트리아 프리츠 모라벡(Fritz Moravec)의 지휘 아래 6명으로 구성된 원정대가 직접 정상으로 연결되는 남서 언덕 루트로 첫 등정에 성공했다. 대한민국은 1991년 7월 19일과 20일 성균관대 OB산악회와 울산 산악연맹 원정대가 연달아 등반에 성공했다.

2013.08.17
설맹으로 고통 받는 포터를 보다

해발 5,170m인 가셔브럼1, 2 베이스캠프의 아침이 밝았다. 천지사방이 눈이다. 눈 위에서 잠을 자고, 그 눈으로 밥을 지어 먹고, 그 눈으로 차를 마신다.

그런데 사고가 터졌다. 어제 같이 온 포터 7명이 하얀 눈에 햇빛이 반사되어 망막이 손상되는 설맹에 걸린 것이다. 눈길에 선글라스를 준비하지 못한 탓이다.

모두들 가지고 온 약을 나눠주고 여분으로 가져온 선글라스를 모으니 5개다. 그래도 2개가 부족했다. 어쩔 수 없이 2명은 아픈 눈을 뜨고 그 무거운 짐을 지고 콩고르디아로 가야 한다. 눈이 아파 눈물을 흘리면서도 짐을 지고 가야만 하는 그들이 불쌍했다. 아무도 살지 않는 이곳에서 대자연을 만끽할 수 있게 해준 그들에게 아무런 처방도 할 수가 없어 안타까웠다.

히말라야 트레킹을 하며 트레킹 포터를 처음 봤다. 그들을 보면 그리 멀지 않은 우리의 60~70년대 가난했던 시절이 떠오른다.

당시 가난한 나라의 백성으로 힘든 시절을 보냈던 우리와 지금 이들의 모습이 크게 다르지 않다. 나라도 가난하고 개인도 가난했던 그 시절, 우리의 부모들은 가난을 벗어나기 위해 서독의 탄광에서, 사우디아라비아의 사막에서 굵은 땀방울을 흘렸다. 그건 눈물방울이며 희망의 땀방울이었다.

우리가 그렇게 희망을 건져 올렸듯이 이들도 희망을 건져 올

려 가난의 굴레에서 벗어났으면 하는 마음이 간절했다.

포터들이 길을 나서고 난 뒤 배낭을 메고 천천히 일어섰다. 지난밤에도 눈이 내렸다. 무거운 눈을 품은 눈구름이 밤새 눈을 다 떨어렸을 것 같은데 아니었다. 눈부시게 맑은 푸른 하늘은 온데간데없고 구름이 하늘을 떠돌았다. 그 구름 속에서 간간이 맑은 햇살이 비쳤다.

눈앞에 우뚝 선 가셔브럼 1봉과 가셔브럼 2봉을 맘껏 감상했다. 일행들은 30분쯤 더 올라가면 볼 수 있는 가셔브럼 1봉과 2봉이 갈라지는 빙하지대를 보러 가고 나는 빛이 좋을 때 사진을 몇 장 더 찍기 위해 올라가지 않았다.

봐도 봐도 정말 거대하다. 7,000~8,000m급 고봉들이 연이어 솟아 있고 그 산에서 발달한 빙하와 어울린 까만 암봉들이 장관을 이루고 있었다. 수묵담채화 같은 이런 풍광을 과연 상상이나 했던가?

천천히 경치를 감상하면서 내려오는데 수시로 눈사태가 일어났다. 산들이 수직으로 솟아있으니 눈을 품지 못하고 밤새 내

린 눈을 후드득 털어내고 강건한 골격을 뽐냈다. 세상 모든 먼지조차 품지 않겠다는 듯이 태초의 검은 골격을 드러내는 것이다.

터벅터벅 하얀 눈이 덮인 빙하 위를 혼자 걸으며 내일 내려갈 길도 머릿속에 그려보았다. 곤도고로라 고개를 못 넘고 온 길을 다시 간다는 게 내키지 않았다. 하지만 어쩔 수 없다.

얼마나 걸었을까? 지치고 배도 고파왔다. 저 멀리 캠프사이트인 샤마가 보였다. 올라올 때도 점심 먹은 곳이다.

아무 것도 없는 빙하 위에 지명이 있는 게 신기했다. K2, G1, G2, 브로드피크 베이스캠프도 빙하 위에 있다. K2 트레킹을 하다보면 빙하 위에 지명이 있는데 누가 어떻게 이름을 붙였을까 궁금했다.

오늘로 카라코람 산맥에 있는 4개의 8,000m급 고봉 베이스캠프를 모두 돌았다. 정말 오기도 힘들고 오더라도 다 둘러보기 힘든 이곳을 우여곡절 끝에 다 둘러보게 되어 기뻤다.

많은 탐험가와 등반가의 숨결이 숨 쉬는 이곳에서 난 카라코람의 진면목을 얼마나 봤을까 하는 생각이 들었다. 하늘 높은 줄 모르고 치솟은 고산들이 이런 거대하고 황량한 풍광을 만들고 수없이 많은 빙하가 발달한 곳이다. 내가 보았던 거대한 빙하도 빙산의 일각에 지나지 않을 것이다.

K2 트레킹이 네팔 히말라야 트레킹과 비슷하리라고 생각했는데 아니었다. 그렇게 생각한 것은 이곳에 대해 잘 몰랐기 때문이다. 그래서 K2 트레킹을 시작할 때와는 비교할 수 없을 정도로 내 생각이 많이 달라졌다.

샤마에 오자 주방장 임티아스가 만면에 웃음을 띠고 파스타를 한 그릇 내밀었다. 따뜻한 파스타를 먹고 일어서 콩고르디아로 향했다.

이번 트레킹은 유독 혼자 걷는 시간이 많았다. 나보다 걸음이

빠른 사람들은 앞서가고 나보다 걸음이 느린 사람들은 많이 뒤처지니 어쩔 수가 없었다. 스텝들은 앞뒤에 붙고 결국 나 혼자 걸었다. 그래서 빙하 위에서 길을 잃고 헤매는 일이 자주 생겼다.

다행히 큰 문제는 없었지만 거대하고 무서운 빙하 위에서 길이 헷갈릴 땐 덜컥 겁이 나기도 했다. 오늘도 길을 찾아 헤매다 뒤에 오는 일행을 만나 겨우 콩고르디아로 왔다.

오후에 또 비가 내렸다. 5,000m 빙하 위에서 맞는 비는 차가웠다. 옷깃을 여미고 발걸음을 재촉해 콩고르디아 캠프사이트로 왔다.

설맹에 걸린 포터들도 아픈 눈을 하고 빗길을 걸어 먼저 와 있었다. '피켈맨' 궁대장이 제약회사 다녔던 경험을 살려 포터들에게 가져온 약을 나눠주고 눈에 연고를 넣어주어 고통을 덜게 했다.

2013.08.18
올라온 길을 되돌아 내려가며

곤도고로라 고개는 결국 못 넘고 콩고르디아를 떠나야한다. 이 빙하를 되돌아 내려간다는 것은 생각조차 하기 싫지만 다시 그 길을 내려가야 한다.

고개를 넘거나 다른 길로 가면 긴장도 되고 기대도 된다. 그러나 올라왔던 길을 다시 내려가는 것은 맥이 풀리는 일이다. 특히 빙퇴석으로 뒤덮인 너덜길을 다시 내려가는 것은 싫지만 어쩔 수가 없었다. 우리의 삶처럼 일이 다 계획대로 되는 건 아니다.

곤도고로라 고개를 못 넘지만 오늘 K2의 얼굴을 마지막으로 보고 갈 수 있기를 염원했다. 그러나 하늘에선 햇빛 대신 비가 내렸다. 비구름에 싸인 콩고르디아를 천천히 둘러보았다.

다시 이 길을 걸어와 곤도고로라 고개를 넘을 수 있을까? 트레킹 하면서 넘을 수 있는 고개 중에서 가장 높은 고개 중의 하나인 곤도고로라! 5,680m.

그곳은 사방이 확 트여 K2, 브로드피크, 가셔브럼 등 8,000m급 고봉을 가장 멋지게 조망할 수 있는 곳이다. 그런 곤도고로라 고개를 못 넘고 발길을 돌려야 했다. 아쉬움에 발걸음이 떨어지지 않았다.

콩고르디아와 이별하고 고로2로 향했다. 콩고르디아를 중심으로 있는 K2, 브로드피크, 가셔브럼1, 2 베이스캠프를 다녀온 것으로 곤도고로라를 못 넘은 아쉬움을 달랬다. 모든 게 다 우리 생각

대로 되는 건 아니다. 파키스탄 사람들이 자주 쓰는 말대로 '인샬라' 즉 '신의 뜻대로'이다. 그리고 생각대로 모든 게 이루어지면 좋을 것 같아도 꼭 그렇지만은 않을 것이라고 스스로를 위로했다.

내려가는 발걸음이 가볍지는 않았다. 그러나 이 모든 상황을 받아들이고 즐겨야 한다. 트레킹은 과정을 즐기고, 길을 걸으며 자신을 성찰하는 것이기 때문이다.

한 걸음 한 걸음 빙하 위를 걸었다. 빙하 위를 걷는 게 적응이 될 법도 한데 아직까지 쉽지가 않았다. 이제껏 이렇게 심한 너덜길을 오랫동안 걸어본 적이 없었다. 아니 걸어볼 기회조차 없었다. 평생 걸을 너덜길을 이번에 다 걸었는지도 모른다.

1시간쯤 갔을까? 곤도고로라를 못 넘고 내려가는 우리를 위로라도 하듯이 구름이 걷히는가 싶더니 예쁜 무지개가 떴다. 빙하 위에 일백팔십도로 쫙 펼쳐진 정말 큰 무지개다. 이렇게 큰 무지개를 본 적이 없다. 카메라에 담기 위해 연신 셔터를 눌렀다.

무지개를 바라보며 걷는 발걸음이 행복했다. 커다란 무지개가 1시간동안이나 사라지지 않고 카라코람 발토르 빙하에 온 걸

축하했다. 신의 영역에 들어와 그들의 정원에 핀 꽃을 본 것 같
이 가슴이 충만해졌다.

목적지 우루두카스까지는 이틀간 올라온 거리지만 하루 만에
내려간다. 하산길이기에 가능하다. 올라올 때는 땀을 비 오듯 흘
리며 더위와 싸웠다. 그 사이에 계절이 바뀌었는지 계속 흐리고
비가 내렸다.

이 시기의 카라코람 날씨는 변덕스러운 것 같았다. 빙하 위
의 캠프지 고로2에서 점심을 먹고 고로1을 지나 야영할 우루두
카스로 향했다.

해발 4,500m의 빙하길이 운치가 있다. 빙하길 양옆에는 뾰족
한 6,000~7,000m급 침봉들이 호위하고 등 뒤로는 8,000m급 고
산이 지켜보고 있으니 어찌 황홀하지 않겠는가! 그러나 오르락
내리락 걷는 길은 힘이 들었다. 특히 우루두카스 못 미쳐 한 두
시간은 걷기 힘든 길이었다. 하지만 내려올수록 고소와 추위에

서 벗어나 마음은 편안했다. 마지막 힘까지 다 짜내 우루두카스 언덕을 올랐다.

드디어 우루두카스다. 우루두카스 야영지는 높은 언덕에 자리하고 있어 조망이 좋았다. 풀이 자라고 있는 아름다운 곳이다.

눈앞에 트랑고타워, 올리비아호, 빠유피크가 우리를 반겼다. 거대한 발토르 빙하를 내려다보며 마시는 차 한 잔은 이루 말 할 수 없이 상쾌했다. 무엇보다 빙하 위가 아닌 산자락에서 잠을 잘 수 있어 그동안 빙하 위에서 잠잔 수고로움을 보상받는 기분이 들었다.

오늘 하루 11시간을 걸었다. 빙하길을 그 정도 걸었으니 지칠 만도 했다. 해발 4,050m를 가리키는 우루두카스에서 오랜만에 머리를 감았다. 날아갈 듯 시원했다. 고소 걱정이 없어 편안한 마음으로 머리를 감을 수 있었다.

우루두카스 언덕에 앉아 트랑고타워를 보고 있으니 지금까지 걸은 길이 아득하게 느껴졌다. 먼 길을 한 걸음 한 걸음 걸어 어느새 목적지 가까이 와 있었다. 앞으로 갈 길도 만만찮을 것이지만 지금처럼 한 걸음 한 걸음 옮기면 그 길도 끝이 날 것이다.

개운한 마음으로 차를 마시며 오랜만에 여유를 만끽했다.

2013.08.19
빙하 위에서 길을 잃다

종잡을 수 없는 날씨다. 아침에 비가 오다가 잠깐 햇빛이 나더니 어느새 구름이 온 천지를 덮었다. 그런데 우리가 내려온 콩고르디아에는 파란 하늘이 펼쳐져 있었다. 한 번 더 못 보고 온 K2에 대한 미련이 남아 한참을 쳐다보았다.

포터 1명을 앞세우고 길을 나섰다. 그런데 이 친구가 길을 잘못 들어 빙하 위에서 1시간가량 헤맸다. 무거운 짐을 지고 거친 돌과 얼음 위에서 길을 찾느라 헤맨 포터는 나보다 더 많이 힘들었을 것이다. 빙하 위에 길이 나 있는 것도 아니고 앞서 간 사람이 지나간 흔적으로 돌 2~3개 포개 놓는 게 전부다. 아무도 지나가지 않은 아침에 그런 길을 가는 것이므로 헷갈릴 수 있다.

빙하길을 걷는 마지막 날이라 좀 쉬울 거라 예상했다. 그러나 그건 단지 내 생각일 뿐이었다. 가다가 몇 번이나 길을 못 찾아 이리저리 헤맸다. 어제 길이 오늘 길이 아니고 오늘 걷는 길 또한 내일의 길을 담보할 수 없는 곳이었다.

이 길이 우리 삶과 꼭 같다는 생각이 들었다. 한치 앞도 내다볼 수 없는 인생길을 안 갈 수도 없듯이 말이다.

발토르 빙하는 너덜길의 진수를 보여주었다. 있는 힘, 없는 힘 다 쓰며 걸었다. 생각보다 힘이 들었다.

한참을 내려오니 우리가 올라갈 때 하룻밤 묵은 호불체가 나왔다. 맑은 냇물이 흐르는 캠프사이트다. 올라갈 때는 사람이

많아 텐트 칠 장소도 마땅치 않았다. 그런데 지금은 텅 비어 있었다. 불과 열흘 사이에 K2 발토르 트레킹은 끝물이 된 것이다.

가끔 한 두 사람 보였지만 성수기는 아니다. 트랑고 베이스캠프에서 오자마자 무척 더워 등목을 한 기억이 났다. 지금은 그때와 비교하면 뜨거움도 많이 수그러들었다.

호불체에서 신발을 고쳐 신고 점심 먹을 장소인 릴리고로 가기 위해 일어서자 우리팀 포터 7~8명이 같이 일어섰다. 휴식을 취하나 보다 생각했는데 항상 혼자 다니는 내가 길을 잃을까봐 기다리고 있었던 것이다. 길을 잃기 쉬운 곳이라 앞서가는 포터들을 열심히 따라갔다. 말은 통하지 않지만 이렇게 배려하는 마음이 고마워 쉴 때마다 사탕을 나눠 먹으며 오르락내리락 빙하길을 걸었다.

저 멀리 모퉁이만 돌면 릴리고다. 릴리고에 도착하자 주방장

임티아스가 밥에 이탈리안 파스타 소스를 얹어 주었다. 입에 맞았지만 그동안 못 먹은 탓에 양이 줄어 반은 덜어내고 먹었다. 숭늉을 한 컵 마시고 다시 길을 나섰다.

한참을 내려가자 발토르 빙하를 벗어나는 곳이 나왔다. 올라올 때도 지나 온 길이지만 이미 그 길은 사라지고 없었다. 가이드와 포터들이 이리 갔다 저리 갔다하며 길을 찾았다. 시커먼 빙하와 크레바스가 길을 쉽게 열어주지 않았다. 마지막까지 발토르 빙하의 진면목을 보여주고 있었다.

힘들게 내려와 깊은 숨을 내쉬며 발토르 빙하를 쳐다보았다. 빙하가 녹아 뿜어내는 물줄기가 거침없었다. 거대한 입으로 검은 빛이 도는 잿빛 빙하물을 쉼 없이 내뿜었다. 이 물이 흘러내려가 땅을 비옥하게 하여 인류의 4대문명의 하나인 인더스 문명을 꽃피운 것이다.

저 멀리 빤히 오늘의 캠프지인 빠유가 보였다. 삭막한 발토르 빙하에 푸른 나무가 몇 그루 있는 곳이다. 그런데 가도 가도 가까워지지 않았다. 올라올 땐 금방 빙하까지 도착했다고 느꼈는

데 지쳐서 그런지 멀어도 너무 멀었다. 해가 뉘엿뉘엿 넘어가고 있고 바람까지 부니 추웠다.

올라올 때 같이 온 형님이 텐트 안에 잠깐 온도계를 두었는데 온도계 눈금이 56도까지 올라갔었다. 그 정도로 뜨거웠다. 조금만 움직여도 땀이 비 오듯 하고 햇살이 너무 따가워 우산을 쓰고 걸었다. 그런데 지금은 아무리 저녁이라지만 추위를 느낄 정도로 날씨가 바뀌었다. 격세지감을 느끼지 않을 수 없었다.

열흘 사이에 계절이 바뀐 것이다. 자연의 이치는 거스를 수 없다는 걸 피부로 느꼈다.

지친 몸을 이끌고 빠유에 들어섰다. 사람이 살지 않는 이 황량한 곳에 우두커니 서 있는, 아무런 쓸모도 없을 것 같은 대문이 지친 나그네를 웃음 짓게 했다.

우루두카스에서 8시간 정도 걸었다. 올라갈 때와 달리 캠프사이트는 텅 비어 있었다. 트레킹 시즌이 끝나고 긴 동면을 준비하는 시간이 된 것이다. 긴 겨울잠이 발토르 빙하에게는 휴식의 시간이라는 생각이 들었다.

2013.08.20
둥근 달을 보며 떠나온 집을 그리다

밤하늘에 별이 총총하다. 커다란 쟁반만한 보름달이 떴
다. 오늘이 보름인가? 집 떠난 지 한 달이 다 되어 간
다. '둥근 달이 우리 집에도 떴겠지' 생각하니 갑자기 식구들이
그리워 오랫동안 달빛 아래서 서성거렸다.

텐트 안으로 들어와 뒤척이다 잠깐 잠이 들었다. 가이드 가풀이
밀크티를 가져와 깨우는 소리에 일어나 시계를 보니 새벽 5시다.

차를 마신 뒤 짐을 꾸리고 밖에 나가 하늘을 봤다. 해가 뜨려는
지 산에 걸린 구름이 불그스름하다. 아침빛이 맑다.

사진을 몇 장 찍고 아침식사를 한 뒤 오늘의 목적지이자 K2 발
토르 트레킹의 마지막 야영지인 고로폰(korophon 3,000m)으로 향
했다. 3,450m인 빠유에서 10시간 정도 예상하는 거리다.

내려가는 길이 쾌적했다. 올라올 때와 달리 덥지도 않았다. 전
형적인 히말라야의 가을이었다. 파란 하늘엔 뭉게구름이 떠 있
고, 만년설이 덮인 설산에는 신선이 노니는 듯했다.

올라올 때 너무 더워 물을 벌컥벌컥 마시고 우산을 쓰고 축 처
져 있던 모습이 떠올랐다. 지금은 두꺼운 폴라티를 입고 걸어도
부담스럽지가 않았다. 바람도 시원하게 살랑살랑 불었다. 카라
코람 발토르 빙하에 가을이 찾아온 것이다. 이런 날씨를 상상하
지 않아서인지 생소하게 느껴졌다.

발토르 빙하에도 4계절이 있다. 고산등반이 가능한 시즌이

6~7월 한여름이다. 올라올 땐 너무 더워 숨이 턱턱 목까지 차올랐다. 어느덧 8월말로 접어든 지금은 계절이 가을로 바뀌고 있었다. 덥지도 않고 쾌적한 이런 고산 길을 걸으니 꼭 소풍 나온 아이처럼 기분이 좋았다.

빠유에서 줄라를 거쳐 고로폰까지는 강을 따라 내려간다. 발토르 빙하에서 뿜어져 나온 강물이 고도를 낮추며 급하게 흐른다. 나무 한그루 없는 척박한 산을 굽이굽이 돌며 그림같이 강물이 흐른다. 사람은 그 물길을 따라 걷는다.

강바닥에 돌 구르는 소리가 요란하다. 옆 사람 말소리도 잘 들리지 않는 강가 바르두말(bardumal)에서 점심을 먹었다.

점심을 먹고 길을 나서 얼마가지 않아 갑자기 발목에 통증이 왔다. '괜찮겠지'하며 걸었는데 갈수록 점점 심해졌다. 등산화 때문인가? 이번 트레킹을 위해 새로 장만한 등산화가 거친 빙하길에 많이 상했다.

　너덜지대를 몇날며칠 걸어야하는 길이라 어떤 등산화도 견디기 힘들다. 그런데 이름 있는 전문등산화는 잘 견디는 것 같았다. 명성은 하루아침에 얻어지는 것이 아니었다.

　발목 복숭아뼈 위에 파스를 붙이고 신발 끈을 느슨하게 한 뒤천천히 걸었다. 갈 길이 멀어 걱정이 앞섰지만 한발 한발 가면갈 수 있을 것이다.

　파란 하늘에 구름이 몰려오기 시작했다. 며칠째 오후 3시쯤되면 구름이 하늘을 뒤덮고 바람이 일었다. 계절이 바뀌고 있는 것이다.

　줄라를 지나 강줄기를 따라 오르락내리락 하는데 파키스탄 사람들이 올라왔다. 중년의 남자가 지나가고 중년의 여자가 일행과 떨어져 혼자 오고 있었다. 트레킹하면서 파키스탄 여인을 처음 봤다. 파키스탄에 대한 선입견 때문인지 여자가 트레킹 한다는 건 생각조차 하지 않았다.

'과연 말을 받아줄까?' 하는 생각을 하면서 "Where to go?"하고 말을 건네자 스스럼없이 "K2 basecamp."라고 했다.

여기도 사람이 사는 곳이며 문화가 다르다 해도 우리가 생각한 것만큼 폐쇄적이지는 않다는 생각이 들었다. 몇 마디 말을 나누고 사진을 찍었다. K2 베이스캠프까지 무사히 트레킹 하기를 기원하며 헤어졌다.

'파키스탄 사람들도 K2 트레킹을 즐기나보다' 생각했다. 그런데 뒤따라 온 가이드가 그 여인은 남편이 K2에서 사망해 메모리얼을 만들러 가는 길이라고 했다. 너무 놀라 올라가는 그 여인을 다시 쳐다봤다. 대자연에 대한 모험과 탐험은 필연적으로 희생을 낳고, 남아있는 가족들의 고통은 오래 지속된다고 생각하니 갑자기 가슴이 아파왔다.

조금 가니 이번엔 파키스탄 청년들이 올라오고 있었다. 트레킹을 하는 파키스탄 젊은이들도 처음 만났다. 외국인들은 보이

지 않고 파키스탄 사람들만 가끔 보이는 걸 보면 외국인들은 거의 6~7월, 늦어도 8월 중순까지만 트레킹을 하는 것 같았다.

맑던 날씨가 흐려지더니 찬바람이 불고 비가 흩뿌렸다.

저 멀리 오늘의 캠프지 고로폰이 보였다. 사막 같은 땅에 빙하가 녹아 흐르고 그 물이 나무를 키우는 곳이다. 물론 사람은 살지 않고 나그네들만 쉬어가는 곳이다. 카라코람 발토르 트레킹의 실질적 야영은 이것으로 마지막이다.

마지막 야영장에 앉아 K2 트레킹하며 알게 모르게 생긴 모든 갈등과 번뇌를 발토르 빙하에 다 두고 갔으면 하는 생각을 했다.

우리 텐트 앞으로 빙하 녹은 물이 강물이 되어 세차게 흘렀다. 노을이 지는 고로폰에서 세차게 흐르는 물소리를 들으며 하루를 마감했다.

발토르 트레킹의 날개를 접다

고로폰의 아침이 밝아오고 있었다. 동쪽 하늘에 뜬 구름을 예쁘게 물들이고 있었다. 의자에 앉아 일출을 감상했다. 이제 서너 시간만 걸으면 K2 발토르 트레킹은 끝난다. 험하디 험한 K2 발토르 빙하 트레킹이 드디어 끝나는 것이다.

발토르 빙하는 가셔브럼 산군과 K2 산군, 브로드피크, 초골리사, 마셔브럼, 무즈타그타워 등 7,000~8,000m급 고산들 주변에서 발달한 30여 빙하가 흘러내려 만들어진 것으로, 그 규모는 세계 최대이다.

세계 최고봉인 에베레스트가 있는 쿰부 빙하가 18km인데 비해 세계 2위 봉인 K2가 있는 발토르 빙하는 그 3배가 넘는 58km이니 그 규모를 상상해 보면 짐작이 갈 것이다.

우리가 잠을 잔 고로폰 인근에도 비아포 빙하와 히스파 빙하가 있다. 히스파 빙하를 20일 정도 트레킹하면 며칠 후 도착할 훈자가 나온다. 가이드 가풀이 히스파 빙하 트레킹도 좋다며 할 생각이 없냐고 넌지시 권했다. 웃으며 지금은 아무 생각이 없다고 하자 가풀도 웃는다.

따뜻한 햇살을 받으며 고로폰을 출발하여 쉬엄쉬엄 걸었다. 아스꼴리까지는 멀지도 않고 고도도 높지 않아 힘들지 않게 갈 수 있는 거리다. 게다가 선선한 바람까지 불어주니 금상첨화였다.

바위를 깎아 길을 낸 산굽이를 내려와 넓은 평원 길을 걸으며 지나온 길에 대한 상념에 젖었다. 올라갈 때의 기대와 설렘, 배탈, 트랑고타워를 오르는 여성원정대, 그리고 처음 본 K2의 벅찬 감동, 먼저 간 형님들에 대한 생각 등이 주마등처럼 지나갔다.

이런 저런 생각을 하며 터벅터벅 걷는데 강이 앞을 막았다. 아
스꼴리를 떠나 처음 만난 서스펜션 다리가 있는 강이다. 다리 아래
로 소용돌이치며 흐르는 강물은 또 봐도 무서웠다. 강물 위에 위태
롭게 매달려 있는 다리를 조심스럽게 건넜다.

드디어 삭막한 카라코람 계곡에 푸른 마을이 보였다. 우리가 트
레킹을 시작한 마을인 아스꼴리다. 사람이 사는 마지막 마을이고
곡식이 여물고 짐승이 자라는 마을이다.

마을로 들어오자 꼬마들이 우르르 몰려들며 "스틱, 스틱!"하며
따라왔다. 우리들이 그동안 사용한 스틱을 주고 가라는 것이다.
아이들에게 나쁜 버릇이 들까봐 못들은 척 했다.

마을 가운데 수로가 있었다. 차가운 물이 흐르는 수로 곳곳에서 아낙들이 빨래를 하고 있었다. 사람들이 모여 사는 이곳은 산간마을이라 주거 형태가 우리와 많이 다르다. 우리처럼 방과 거실, 주방이 따로 있지 않고 한 공간에 있다. 천장과 창문은 낮고 작다. 척박한 환경에서 살기에 가장 적합한 주거형태일 것이다.

이 마을엔 아직 관광객이 많이 오지 않아 여행자들을 위한 호텔은 없다. 올라갈 때 우리가 잔 작은 롯지가 그나마 깨끗한 곳이었다. 그래서 대부분의 원정대와 트레커들이 캠핑을 한다.

하나 둘 대원들이 모이고 짐을 정리한 다음 간단하게 점심을 먹고 스카르두로 출발할 준비를 했다.

올라올 때가 생각났다. 길이 끊어져 밤늦게까지 걸어온 아스꼴리! 트레킹을 시작할 땐 이곳으로 다시 돌아올 생각조차 하지 않았다. 곤도고로라 고개를 넘었으면 오지 않았을 곳이지만 인연이 되어 또 오게 된 마을이다. 하지만 오늘이 지나면 언제 올지, 영원히 오지 못할지도 모른다는 생각을 하자 눈길이 더 갔다.

그동안 고생한 포터들과 포옹을 하고 악수를 한 뒤 지프를 탔다. 스카르두까지는 험한 산길을 7시간 이상 달려야 한다. 강물에 유실된 도로까지 지프로 간 뒤 그곳에서 내려 강을 건넌 다음 건너편에 대기한 지프로 갈아타야 한다.

두 대의 지프에 나눠 타고 길을 나섰다. 좁다란 길을 뒤뚱뒤뚱 가는 지프가 놀이 공원의 롤러코스터를 타는 듯 아슬아슬해 탄성이 절로 터졌다.

옆으로는 회색빛 강물이 급하게 흐르고 풀 한 포기 없는 민둥산들이 하얀 구름을 벗 삼아 뾰쪽하게 서 있었다. 정말 어떤 말로도 이 광대한 자연을 표현할 수 없을 것 같았다. 달려도 달려도 끝없이 이어지는 불모의 땅이 사람을 홀리고 있었다. 가슴을 쓸어내리며 길이 끊어진 곳까지 왔다.

대기한 지프를 갈아타고 한참을 가니 올라올 때 점심 먹었던 아포 알리곤이 나왔다. 이곳에서 차를 마신 뒤 스카르두로 향했다.

달려도 달려도 표정하나 바뀌지 않는 메마른 풍광이 끝없이 펼쳐졌다. 그 속에서 삶을 영위하는 이들을 보면 그저 놀라울 따름이다.

강을 건너기 위해 서스펜션 다리도 몇 번이나 건너고 검문도 받았다. 아스꼴리를 출발한 지 7시간이 지나서야 스카르두로 들어왔다. 어둠이 내린 스카르두에 도착하자마자 이발소부터 찾았다. 그동안 기른 수염부터 밀고 싶었다.

우리의 70년대 이발소를 연상시키는 허름한 이발소였다. 밤인데도 몇 사람이 앉아 이야기꽃을 피우고 있었다. 이발하러 온 사람 같지는 않았다.

뚜렷한 일거리나 즐길 거리가 없는 곳이어서인지 어디를 가나 사람들이 모여 있었다. 옆에 있던 사람이 나부터 깎으라고 손짓했다. 면도만 하려고 했는데 갑자기 이발도 하고 싶어져 이발을 하라고 했다.

젊은 이발사가 사정없이 내 머리카락을 싹뚝싹뚝 잘랐다. 얼마나 짧게 깎았는지 꼭 파키스탄 군인 같았다. 마음에 들지 않지만 어쩔 수가 없었다. 머리카락은 다시 자라면 된다고 위안하며 거울을 보니 전혀 다른 사람이 서 있었다.

깨끗이 잘려나간 머리카락과 수염이 없는 얼굴이 낯설었다. 그동안 물과 음식으로 힘들어 한 흔적이 얼굴에 묻어났다. 이발소를 나와 정전으로 깜깜해진 길을 걸어서 호텔로 돌아왔다.

K2 발토르 빙하 트레킹이 무사히 끝났다. 이제 히말라야 산맥의 서쪽 끝에 마지막 불꽃처럼 솟아오른 낭가파르밧 베이스캠프 트레킹을 마치면 파키스탄에 있는 5개의 8,000m급 베이스캠프는 다 간다. 낭가파르밧 베이스캠프를 트레킹 한 다음 라카포시 트레킹을 한 뒤 훈자마을에서 휴식을 취하고 이슬라마바드로 가는 일정이 남았다.

　　지나온 시간들이 벌써 기억 저편에 있는 것처럼 아득하게 느껴졌다.

몸이 힘들면 마음마저 힘들고

휴식일이다. K2 발토르 트레킹하면서 지친 몸과 마음을 추스르기 위해 편안하게 쉬었다.

뾰쪽한 검은 산들에 둘러 싸여 있는 스카르두는 상당히 넓은 분지다. 카라코람 산맥이 거대하여 분지를 하나 만들어도 이렇게 크게 만들었다. 인더스 강물이 흘러들어 나무를 키워 도시 전체가 푸른 스카르두는 산간지방의 중심도시답게 크다.

발토르 빙하에는 가을이 찾아왔지만 고도가 낮은 이곳은 아직 한여름이었다. 8월 하순인데도 햇빛이 강렬하여 한낮엔 나다니기 힘들 정도였다. 그래서 낮엔 낮잠을 자거나 호텔 로비에 앉아 빈둥거렸다. 와이파이도 되다 안 되다 해서 책을 보거나 음악을 들으며 무료함을 달랬다.

K2 발토르 빙하 트레킹은 네팔 히말라야 트레킹에서는 느낄 수 없는 강렬함이 있었다. 무엇보다 먹고 잠자는 데 대한 소중함을 일깨웠다.

맑은 물이 얼마나 고마운지는 배탈이 나봐야 알고 보송보송하고 따뜻한 잠자리가 얼마나 고마운지는 빙하 위에서 축축하게 냉기를 받으며 자봐야 절실하게 느낄 수 있다.

스마트한 시대라지만 이곳에서는 아날로그적인 생활을 할 수밖에 없다. 이런 경험은 삶이 얼마나 소중한가를 깨닫게 했다. 첨단을 달리고 풍족함이 넘쳐나는 시대에 원시의 트레킹을 즐기는

사람이 늘어나는 이유도 여기에 있을 것이다.

　콩고르디아에서 먼저 내려온 형님들이 이슬라마바드행 국내선
비행기를 기다리다 결국 비행기가 뜨지 않아 오늘 승합차로 이슬
라마바드로 떠난다. 스카르두에서 이슬라마바드로 가는 비행기
가 있지만 결항이 잦아 대부분 며칠 기다리다 육로로 간다. 이곳에
선 처음부터 비행기를 탈 생각을 하지 않는 게 좋을 것 같았다. 일

찍 귀국하기 위해 일정을 당겨 내려온 게 의미가 없어졌다.

형님들이 탄 차가 떠나고 사람과 사람의 관계에 대해 생각했다. 장기간 트레킹을 같이 하다 보면 자기도 모르게 섭섭한 마음이 들 때가 있다. 몸이 힘들면 마음마저 힘들기 마련이다. 이때 지혜롭게 대처해야 한다. 특히 이번처럼 각자 모인 팀에서는 더 조심해야 한다. 그런 상황이 발생하면 서로 불편하므로 서로 서로 잘 이해해야 한다.

형님들이 이슬라마바드로 떠난 뒤 밀린 빨래를 하고 옷가지를 햇빛에 말리며 편히 쉬었다. 저녁에는 가이드 가풀이 훈자와인을 가져와 바비큐 파티를 했다. 우리 입맛에 맞는 제대로 된 와인은 아니지만 그동안 못 마신 술이라 더욱 맛있었다.

파키스탄은 이슬람의 나라이고 이슬람 신자들은 술을 금하기 때문에 술이 없다. 그러나 인간이 사는 곳에 술이 전혀 없을 수는 없다. 특히 훈자 지역에는 오래전부터 그곳에서 나는 포도 살구 등 과일을 발효시킨 훈자와인을 만들어 먹었다.

그들끼리 마시지만 관광객들에게 은밀하게 팔기도 하는데 구하기가 쉽지 않다. 그 훈자와인을 어렵게 구해 마시고 발토르 트레킹을 뒤돌아보며 이야기꽃을 피웠다.

호텔에서 쉬는 게 편안했다. 그건 지나간 시간이 그만큼 힘들어서일 것이다. 남은 시간도 무사하기를 빌었다. 그리고 먼저 간 형님들이 무사히 귀국하기를 기도했다.

파키스탄에도 술 만드는 회사가 있을까?

파키스탄은 이슬람의 나라라 술 만드는 회사가 없을 거라고 생각했는데 아니었다.

이훈구 기자가 쓴 '히말라야, 길을 묻다'라는 책을 보니 파키스탄에는 무리 (Murree)라는 140년이나 된 술 만드는 회사가 있었다. 12년 산, 8년 산 몰트 위스키와 맥주를 생산한다. 1860년 영국 제국주의 시절 영국인들에게 술을 공급하기 위해 만든 회사였다.

파키스탄에는 97%가 이슬람 신자지만 3%는 불교, 기독교, 힌두교 신자 다. 이들 종교는 술을 금하지 않기 때문에 해당 종교증명서를 제출하면 술을 살 수 있다고 한다.

3부

가장 먼 여행은 끝나지 않았다

2013.08.23

라이코트가 내려다보는 타리싱에 오다

스**카르두의** 아침이 밝았다. K2 발토르 트레킹이 끝나고 이제 히말라야 산맥에 있는 세계에서 아홉 번째로 높은 봉우리인 낭가파르밧 베이스캠프로 간다.

카라코람 산맥에 속한 K2, 브로드피크, 가셔브럼1, 가셔브럼2와 히말라야 산맥의 서쪽 끝자락에 위치한 낭가파르밧, 이 다섯 개 고봉이 파키스탄에 있는 8,000m급 고산이다.

파키스탄은 한 번의 트레킹으로 다섯 개의 고산을 보는 매력적인 곳이다. 이 8,000m 고봉들이 서로 이웃해 있으니 스케일이 거대하여 보면 볼수록 보는 사람을 압도했다.

네팔 히말라야 트레킹에서는 느끼지 못한 또 다른 감흥을 느낄 수 있으므로 트레킹을 좋아하는 사람이라면 K2 발토르 트레킹에 도전해볼만 하다.

우리를 태우고 갈 5인승 지프와 12인승 지프 2대가 호텔 앞에 서 있었다. 우리를 호위할 경찰관 2명이 타자 호텔을 출발했다.

스카르두 시내를 벗어나 데오사이 고원으로 가기 위해 굽이굽이 산길로 접어들었다. 조금 올라가면 커다란 호수가 나오는데 사트파라 호수다. 풀 한포기 자리지 않는 황량한 산으로 둘러싸여 있는 계곡에 자리 잡고 있었다. 사트파라 호수는 새파란 하늘빛을 품은 푸른 물빛이 아름다웠다.

길 가에 차를 세우고 호수를 바라보았다. 황량한 산과 대비되어 호수의 푸른 물빛이 더욱 빛나 보였다. 사트파라 호수 가장자리에 있는 아담한 호텔은 에메랄드 물빛과 잘 어울렸다.

사트파라 호수를 출발하여 조금 더 올라가니 검문소가 나왔다. 이곳에서 데오사이 공원 입장료를 내고, 우리 명단이 적힌 복사한 서류를 주고 통과했다. 파키스탄에서는 검문소마다 우리 명단이 적힌 서류를 주었다. 그만큼 치안이 불안하기 때문이지만 통신 인프라가 잘 구축되어 있지 않아서 일일이 서류를 확인하는 것이었다. 참 복잡하고 번거로웠다.

　해발 4,100m가 넘는 데오사이 고원으로 올라가는 길은 그 높이만큼 구불구불한 산길이었다. 발토르 트레킹을 하면서 풀 한 포기 없는 산만 보다가 고원에 펼쳐지는 넓은 초원을 보니 싱그럽기 그지없었다. 눈이 호강하는 것 같았다.

　데오사이 고원에는 맑은 냇물이 흐르고 야생화가 지천으로 피어있었다. 염소와 양들이 한가롭게 풀을 뜯어먹는 야생 동물에게는 낙원이었다. 그 규모가 얼마나 큰지 지프로 몇 시간을 달려도 끝이 보이지 않았다.

　총면적이 7,000㎢로 제주도의 4배 크기다. 평균 고도가 4,000m 이상이고 8월이면 야생화 천국이다. 이 고원에 사는 야생 동식물을 보호하기 위해 국립공원으로 지정됐다. 지구상에 유일하게 존재하는 황색 곰도 30~40마리 살고 있는 곳이다.

　달리는 차안에서도 누런 털옷을 입은 통통한 마못이 집에서 나와 허리를 곧추세우고 있는 모습을 심심찮게 볼 수 있었다. 이곳에서 염소와 소, 야크 등을 방목한다.

　데오사이 고원은 낭가파르밧과 함께 히말라야 산맥에 속하는

데 추위가 닥치기 전인 6~9월까지만 통행이 가능하다.

　발토르 트레킹을 하면서 카라코람 산맥에도 이런 고원이 있고 야생화가 피는 초지가 있을까 하는 생각을 했다. 네팔 히말라야 트레킹을 하다보면 히말라야 산맥 2,000~3,000m 지점에 원시림이 형성되어 있는 것을 볼 수 있다. 카라코람 산맥은 그 지점이 뜨거운 사막 같아서 없지 않을까 하는 생각이 들었다.

점심 먹을 데오사이 고원 발라빠니 캠핑장에 차를 세웠다. 천막을 친 간이식당이 있고 바깥에는 낡고 부실한 의자와 테이블이 있었다.

우리는 스카르두에서 준비해 온 샌드위치와 치킨, 그리고 과일을 먹고 스탭들은 자기들 주식인 짜파티를 식당에 주문해서 먹었다.

점심을 먹으며 강 쪽을 보니 데오사이 고원의 명물인 현수교가 눈에 들어왔다. 가이드북에도 나오는 이 현수교는 이제 그 옆에 건설된 튼튼한 콘크리트 다리에 역할을 내어주고 쓸쓸히 출렁거리고 있었다.

점심을 먹고 울퉁불퉁한 고원 길을 2시간 이상 더 달려 데오사이 고원을 벗어났다. 행정구역이 바뀌면 호송 경찰관도 바뀐다. 검문소에서 경찰관을 교체해 태우고 다시 길을 나섰다.

데오사이 고원을 넘어 내려오자 풍광이 바뀌었다. 나무도 있고 곡식도 자라고 있었다. 수목한계선까지 푸르름이 있는 것을 보니 히말라야 산맥이라는 생각이 절로 들었다.

이번 목적지는 타리싱이다. 낭가파르밧 루팔 베이스캠프로 가기 위해서는 타리싱에서 묵어야 한다. 1시간여를 달리자 설산과 빙하가 보였다. 낭가파르밧 루팔 베이스캠프가 가까워지고 있는 것이다.

꼬불꼬불한 산길이라 길은 험하지만 3,000m 높이에 있는 타리싱까지 지프가 들어갔다. 9시간 달려 타리싱에 도착하니 5시였다. 롯지 마당에 살구나무가 있고 살구도 주렁주렁 달려 있었다.

타리싱 마을 뒤에는 만년설을 뒤집어 쓴 설산이 우뚝 서 있었다. 이 산이 해발 7,700m 라이코트(Raicoat)다.

라이코트가 타리싱의 수호신처럼 하얗게 빛나고 있었다.

마못(mormot)

몸길이 30~60cm, 꼬리길이 10~25cm, 몸무게 3~7.5kg이다. 네 다리는 짧고 몸은 다람쥐과의 동물 중 가장 크다. 발톱은 크고 단단하여 땅파기에 적합하다. 평지의 바위가 많은 곳이나 평원에 터널을 파고 산다.

마못은 매우 사교적이고 상호간에 의지하는 습성이 있으나, 우드척(woodchuck:M. monax)은 독립적인 기질을 가지고 있으며, 땅굴 없이는 야생에서 거의 살 수 없다. 겨울에는 동면을 위해 더 깊고 단순한 땅굴을 만들고, 여름에는 활동적이고도 위험한 때를 위해 얕고 더 복잡한 땅굴을 만들어 그곳에서 지낸다.

낮에 활동하면서 식물을 먹는다. 보통 늦은 여름부터 뚱뚱해지다가 겨울이 되면 동면한다. 북방류는 9월부터 다음해 3월 말까지 동면하는데, 동면 중에는 몸무게가 40%나 줄어든다. 때로 하면하는 종류도 있다. 동면에서 깨어나면 곧 번식기에 들어가며, 암컷은 임신기간이 35~42일로서 5~6월에 2~9마리의 새끼를 낳는다.

몸빛깔이 회색을 띤 갈색 또는 붉은빛을 띤 갈색인 우드척은 북아메리카에 분포하며, 빛깔이 연한 노란색 또는 노란빛을 띤 갈색인 보박(bobak:M. bobac)은 아시아의 초원에, 빛깔이 어두운 갈색인 알프스마못(Alpine marmot:M. marmota)은 유럽의 알프스 등 고산지대에 분포한다. 〈두산백과〉

야크(yak)

몸길이 수컷 약 3.25m, 어깨높이 약 2m, 몸무게 500~1,000kg이다. 야생종과 가축화된 것이 있다. 소와 비슷하나, 어깨가 솟아올라 있고, 늑골이 1쌍 더 많은 14쌍이다. 등은 곧고, 네 다리는 짧으며 단단하다. 몸 아랫면에 긴 털이 났고, 몸빛깔은 검은빛을 띤 갈색이며, 콧등 주위는 흰색이다.

고지의 생활에 적응한 고산동물이다. 고산의 툰드라나 반사막지대에서 듬성듬성 나 있는 풀이나 작은 관목의 잎을 먹고 산다. 야생종은 번식기를 제외하고는 일생동안 수컷과 암컷은 다른 무리에서 지낸다. 수컷은 혼자 다니거나 최대 약 10마리 정도의 무리를 이루어 다니지만, 암컷과 새끼(가끔 어린 수컷이 포함되기도 함)는 10~200마리에 이르는 큰 무리를 이룬다.

번식기는 9월경으로, 수컷은 짝짓기를 위해 자신의 무리를 떠나 암컷의 무리에 합류한다. 이 기간동안 수컷끼리 격렬한 싸움이 벌어지기도 한다. 임신기간은 약 9개월이고, 2년에 한 번 한 마리의 새끼를 낳는다. 새끼는 때로 늑대나 불곰의 습격을 받기도 한다. 가축화의 증가에 따라 야생종은 절멸될 위기에 있다.

가축인 숫야크와 암소와의 교배종을 조(dzo)라 하고, 흑소와의 교배종도 있다. 가축 야크는 중앙아시아의 고원에서는 매우 중요한 가축으로, 젖, 고기, 가죽, 털 등을 얻고 짐을 나르는 데 이용한다. 인도 북부와 중앙아시아, 중국 서부의 고지에서 널리 사육된다. 한 때 야생종을 가축종과 구분해서 "Bos mutus" 학명으로 부르기도 했으나, 이제는 사용하지 않으며 야생종과 가축종 모두 "Bos grunniens"로 부른다. 야생종은 티베트를 중심으로 해발고도 4,000~6,000m에 이르는 고원에 분포한다. 〈두산백과〉

2013.08.24
루팔 베이스캠프에서 낭가파르밧 루팔 벽을 보다

코발트블루의 맑은 하늘이 인상적인 타리싱의 아침이 밝았다. 푸른 하늘에 밝은 태양이 떠오르고 마을 뒤에 있는 하얀 라이코트가 아침 햇살에 빛나고 있었다. 푸른 산과 푸른 하늘, 하얀 설산이 조화를 이루고 있었다.

아침을 먹고 낭가파르밧 루팔 베이스캠프로 나섰다. 루팔 베이스캠프는 낭가파르밧 원정에 평생을 바친 독일인 헤르리히코퍼의 이름을 따 헤르리히코퍼(Herikofer) 베이스캠프로도 불린다. 헤르리히코퍼는 독일의 의사로 1934년 조난당한 이복형인 빌리 메르클의 유지를 받들어 평생동안 원정대를 이끌고 찾아왔다. 낭가파르밧을 향한 그의 열정이 얼마나 대단했던가를 알 수 있다.

맑은 햇살을 받으며 마을을 통과하여 작은 언덕에 올랐다. 푸른 하늘이 마음을 포근하게 했다. 하지만 계속된 배탈로 작은 언덕을 오르는데도 힘이 부친다. 언덕에 오르자 루팔 빙하가 앞을 막고 있었다. 발토르 빙하에 비할 바는 아니지만 만만찮은 길이다. 너덜 길을 걸을 생각을 하자 몸이 먼저 긴장하는 것 같았다.

앞에 일가족 4명이 길을 가고 있었다. 현지인답게 걸음걸이가 가벼웠다. 뒤따라가고 있는데 갑자기 멈춰서더니 돌로 빙하를 캤다. 캔 얼음 조각을 내게 건네고 보란듯이 얼음을 입에 넣고 씹어 먹었다. 그러고는 얼음 조각을 보자기에 싸 가지고 갔다. 빙하를 캐 들고 가는 모습이 너무나 자연스럽게 느껴졌다. 냉장고가 없는

곳이어서 빙하를 유용하게 쓸 것이라는 생각이 들었다.

빙하를 건너 언덕길을 오르자 큰 마을이 나왔다. 루팔 마을이다. 긴 겨울 추위를 막기 위해서 창문은 작고 지붕은 낮게 지은 히말라야의 전형적인 산골 마을이다. 문명인의 눈으로 보면 왜 이렇게 지었을까 싶지만 혹독한 겨울을 나기 위한 그들의 지혜가 들어 있다.

겨울을 준비하느라 곳곳에서 나무를 하고 있고 당나귀도 나뭇짐을 가득 지고 내려왔다. 머리 위에는 티 없이 파란 하늘이 펼쳐져 있고 밝은 태양이 빛나는 평화롭기 그지없는 풍경이었다.

히말라야 향나무가 자라는 산모퉁이를 돌면 루팔 베이스캠프다. 완만한 오르막이지만 지친 나그네에겐 생각보다 멀게 느껴졌다. 숨을 가쁘게 몰아쉬며 올라 산굽이를 돌자 하얀 눈을 뒤집어 쓴 낭가파르밧의 거대한 봉우리가 '쑥!'하고 얼굴을 내밀었다.

형언할 수 없는 가슴 뭉클한 감동이 밀려왔다. 구름 한 조각 가슴에 품고 있는 낭가파르밧의 거대한 루팔벽이 내 가슴을 가득 채우고 들어왔다. 힘들게 올라온 피로가 싹 가셨다.

루팔벽!

등반고도 4,500m, 평균 경사도 60도에 이르는 난공불락의 요새다. 세계에서 가장 큰 벽 중의 하나다.

히말라야의 살아있는 전설 라인홀트 매스너 형제가 1970년 세계 최초로 오른 거벽이다. 라인홀트 매스너 형제가 오른 이후 35년간 어떤 도전도 받아주지 않았다. 그 루팔벽을 2005년 우리나라 김창호대장이 이현조대원과 함께 세상에서 두 번째로 올랐다.

김창호대장은 그후 2013년까지 8,000m급 봉우리 14좌를 무산소로 등정했다. 그러나 같이 등정에 성공한 이현조대원은 2007년 박영석대장과 에베레스트 남서벽 신루트를 내다가 안타깝게도 추락사했다.

루팔 베이스캠프로 들어오자 눈앞에 드넓은 초지가 펼쳐졌다. 초지 중앙에 커다란 바위가 있고 그 옆에 메모리얼도 있었다. 냇물이 흐르고 당나귀들이 한가롭게 풀을 뜯고 있었다. 신성한 기운이 느껴지는 낭가파르밧 루팔벽을 똑바로 서서 쳐다보았다.

구름 한 점 없던 하늘에 서서히 구름이 일어나기 시작했다. 구름에 덮여가는 낭가파르밧 루팔벽을 쳐다보다가 넓적한 바위 위에 큰 대자로 누워 하늘을 바라보았다. 편안함이 가슴 가득 들어왔다. 이렇게 평화로운 산에 테러가 일어났다는 게 믿어지지 않았다. 티 없이 맑은 파란 하늘이 펼쳐졌다. 저런 하늘빛은 히말라야에서만 볼 수 있는 빛깔이다. 푸른 하늘에 취해 눈을 감았다.

점심은 밥을 물에 말아 먹었다. 락토보 베이스캠프 가는 것은 아름다운 루팔 베이스캠프 보는 것으로 대신했다. 갔다가 다시 돌아내려와 타리싱까지 간다는 것은 현재 상태로는 무리가 따를 것 같아서다.

이런 아름다운 곳에서는 캠핑을 해야 한다. 캠핑 장비를 가져오지 않은 게 후회가 됐다. 가이드 가풀에게 여기서 캠핑하고 락

토보 베이스캠프로 가면 좋은데 캠핑 장비를 가져오지 않은 것은 잘못된 결정이라고 하자 그도 웃으며 고개를 끄덕였다. 하지만 이미 늦었다.

어젯밤 가이드와 매니저 사가왓이 변경한 일정을 내밀자 별 고민 없이 승인해 여기서 자기로 한 일정이 없어진 것이다. 가능하면 일정 변경은 하지 않는 게 좋다는 걸 뒤늦게 깨달았다. 루팔 베이스캠프는 얼마 전 테러가 난 디아미르 베이스캠프와는 달리 안전한 곳이었다.

한참을 루팔 베이스캠프에서 쉬다가 타리싱으로 발길을 돌렸다. 캠핑을 하지 않고 내려오는 게 너무 아쉬웠다. 롯지 주인과 이것저것 얘기하며 내려오는데 나이가 40살이라는 이 친구는 아직 미혼이었다. 산중 마을에 롯지도 경영하는 부자인데 왜 결혼을 하지 않았을까?

롯지 주인과 루팔 마을을 가로질러 내려왔다. 마을 중간 쯤 오자 롯지 주인이 겁을 주었다. 이곳은 탈레반으로부터는 안전하지만 여자들 사진을 찍으면 총 맞을 수 있으니 찍지 말라고 했다. 그 소리를 들으니 섬뜩했다. 빨리 이 마을을 벗어나고 싶어 부지런히 발걸음을 옮겼다.

루팔 마을은 평화롭고 목가적인 마을이었다. 짐승이 한가롭게 풀을 뜯고, 여자들은 가을걷이를 하며 겨울을 준비하고 있었다. 눈앞에 펼쳐진 목가적이고 평화로운 풍광과는 달리 문화적인 차이를 이해하지 못하면 끔찍한 비극을 당할 수 있는 곳이라는 생각이 들었다.

10시간 만에 라이코트가 내려다보는 타리싱의 롯지에 도착하니 저녁 어둠이 내리고 있었다.

낭가파르밧

낭가파르밧은 '벌거벗은 산'이란 뜻이다. 수직으로 솟은 벽을 보면 왜 이런 이름이 붙었는지 알 수 있다. 그 어떤 것도 몸에 붙이지 않고 벌거벗은 채 서 있어서다.

세계 9위봉 낭가파르밧(Nanga Parbat·8,125m)은 1953년 오스트리아 산악인 헤르만 불에 의해 초등될 때까지 31명이라는 많은 등반가가 목숨을 잃어 '죽음의 산(The Killer Mountain)'으로 불린다.

낭가파르밧은 헤르만 불이 홀로 등정에 성공했는데 낭가파르밧을 올라갈 때의 20대의 젊은이가 등정에 성공하고 내려왔을 때는 80대 노인의 얼굴이 되었다고 한다. 과연 8,000m 산 '위와 아래'의 세계는 어떻게 다른 것일까?

페어리메도우 가는 길

'**요**정의 초원'이라는 페어리메도우로 가기 위해서는 고도를 낮추었다가 다시 급하게 올린다. 해발 3,000m인 타리싱에서 1,500m인 라이코트 브릿지까지 내려갔다가 다시 3,300m인 페어리메도우까지 올라간다.

이미 몸은 계속되는 배탈로 만신창이다. 그래서인지 기분까지 울적했다. 페어리메도우에 가면 주요 트레킹은 끝난다. 파키스탄에 있는 8,000m급 다섯 봉우리 베이스캠프를 모두 다 가게 되는 것이다. 너무 컨디션이 안 좋아 일찍 집으로 갔으면 하는 생각이 들었다. 하지만 혼자 가기도 어려워 참을 수밖에 없었다.

아침 7시 30분쯤 타고 온 지프를 타고 타리싱을 출발했다. 루팔 빙하 녹은 물이 급하게 흐르는 강을 따라 내려왔다. 이런 오지에도 길이 있고 사람이 살고 있다. 삶 자체가 위대하다는 생각을 하지 않을 수 없었다.

　타리싱에서는 쌀쌀했는데 고도가 낮아질수록 점점 더워졌다. 여러 벌 겹쳐 입은 옷을 하나씩 벗었다. 옷을 벗기는 건 바람이 아니라 햇빛이라는 걸 실감했다.

　한참을 달려 아스트로에서 호송 경찰을 바꿔 태우고 검문을 한 뒤 출발했다. 페어리메도우 가는 길 주변 풍광은 온통 회색빛 흙빛이다. 거대한 민둥산에 길을 냈지만 끊임없이 산사태로 돌무더기가 종종 길을 덮고 있었다. 길 아래에는 잿빛 강물이 무엇이든 집어삼킬 듯한 소리를 내며 급하게 흘렀다.

포장이 잘 된 길을 따라 달리다가 라이코트 브릿지 가기 전에 있는 갈림길에서 경찰관을 교체하는 동안 점심으로 빵을 먹었다.

배는 고프지만 뒤탈이 두려워 조금만 먹었다. 거기서 페어리메도우 가는 지프 타는 곳인 라이코트 브릿지까지는 가까웠다. 조금 가면 샹그릴라 호텔이 나오고 호텔 앞에 큰 다리가 있는데 이 다리가 라이코트 브릿지다.

가이드 가풀이 페어리메도우 가려면 지프로 한 시간 삼십분쯤 올라가는데 길이 아주 위험하다고 잔뜩 겁을 주었다.

가이드 말이 아니더라도 해발 1,500m인 라이코트 브릿지에서 3,300m인 페어리메도우까지 순식간에 고도를 올리니 길이 얼마나 가파를지 상상이 됐다.

이 길을 운행하는 지프는 따로 있다. 이 길을 만든 타토(tato)마을 주민들이 운행하는 지프다. 타토마을 주민들이 라이코트계곡의 험한 절벽을 오직 곡괭이와 삽으로 깎고 다듬어 겨우 차 한 대 다닐 수 있는 길을 만들었다. 경이로운 길이었다. 어떻게 이런 길을 만들 생각을 했을까?

히말라야를 여행하다보면 사람이 살 수 있을까 싶은 오지에도 사람이 사는 걸 종종 볼 수 있다. 길이 있기 때문이다. 사람이 살기에 길이 있는 것일까? 길이 있기에 사람이 사는 것일까?

어쨌든 삶의 길이 보통이 아니라는 걸 느꼈다. 인간은 필요에 의해서 길을 만든다. 그렇게 만든 길이 삶의 길이고 또 세상과 소통하는 통로인 것이다.

우리가 타고 온 지프를 세워놓고 타토마을 주민들이 운행하는 지프로 옮겨 탔다. 험한 길을 가는 지프인데 언뜻 보기에도 아주 낡았다. 낡은 지프는 좁은 자갈길을 흔들흔들하며 갔다. 시작부터 길이 예사롭지 않았다. 그러나 그건 예고편일 뿐이었다.

고도를 올릴수록 수직으로 깎아지른 절벽을 돌아가는데 수 천

길 아래에 흐르는 강물이 내려다보일 정도로 정말 아찔했다. 간이 아주 큰 사람도 두려움에 눈을 질끈 감을 수밖에 없는 길이었다.

차 한 대 겨우 지나가는 이 길에서 맞은편에서 차가 오면 교행도 했다. 바퀴가 절벽에 걸린 것 같았다. 무서워 차에서 내리고 싶었지만 그러지도 못하고 신음소리를 내며 입술을 깨물었다. 불가능할 것처럼 보이는 이 좁은 절벽 길에서 그렇게 아슬아슬하게 차가 오고가는 것이다. 천 길 낭떠러지를 위태롭게 올라가는데 간이 쪼그라드는 것 같았다.

　모든 걸 운명에 맡기고 지프에 몸을 맡겼다. 한 시간쯤 왔을까? 갑자기 차가 멈춰 섰다. 종점이 아니라 더 이상 길이 끊어져 못 가게 된 것이다. 걸어가야 한다는 말에 오히려 다행이란 생각이 들었다. 그 정도로 험난한 길이었다.

　다시 배낭을 메고 길을 나섰다. 지프를 타지 않고 걸으니 안전하다는 생각은 들었지만 걷는 건 역시 힘이 들었다. 가이드 가풀은 서너 시간 정도만 가면 된다고 한 뒤 성큼 성큼 앞서 갔다.

　페어리메도우 가는 길에 아름다운 숲이 있었다. 해발 3,000m 가까이 되는 지점에 삼나무와 전나무가 우거진 원시림이 있어 오랜만에 쾌적한 숲길을 걸었다.

　낭가파르밧은 카라코람 산맥에 있는 것이 아니고 히말라야 산맥에 있어서 이렇게 아름다운 숲길이 있는 게 아닐까 하는 생각이 들었다. 신선한 공기를 마시며 숲길을 걸으니 K2 발토르 트레킹이 정말 험난했다는 생각이 절로 들었다.

계속 오르막길이었다. 라이코트 브릿지를 출발할 때만해도 더워서 그늘을 찾았는데 고도를 올릴수록 서늘해져갔다. 이미 처음 지프 탈 때의 뜨거움은 없었다.

그동안 항상 앞서 걸었지만 오늘은 뒤처져 걷기로 작정하고 천천히 걸었다. 컨디션이 좋지 않았지만 컨디션을 회복시킬 방법도 달리 없었다. 그래서 이 상태를 즐겨야 한다고 생각하며 페어리메도우로 한 걸음 한 걸음 발걸음을 옮겼다.

얼마나 걸었을까? 울창한 삼림 너머에 구름에 싸인 낭가파르밧이 빼꼼히 얼굴을 내밀었다. 이제 마지막 오르막이 나왔다. 파키스탄 청년이 말을 타고 올라가고 있었다. 그를 보자 오늘은 나도 말을 타고 올 걸 하는 생각이 들었다. 진정한 트레커로서 자존심이 허락하지 않아 말이 있는 곳을 못 본 척하고 지나왔는데, 이런 생각이 드는 걸 보니 그만큼 지쳤나 싶었다.

마지막 힘을 다하여 페어리메도우에 올라왔다. 웅장한 낭가파르밧은 운무에 싸여 있고 그 앞으로 거대한 라이코트 빙하가 흐르고 있었다. 묵묵히 바라보고 있으니 서서히 운무가 사라지고 낭가파르밧이 벌거벗은 온 몸을 드러냈다.

낭가파르밧은 생각한 것보다 더욱 더 웅장했다. 루팔 베이스캠프에서 본 낭가파르밧이 거대한 벽이라면 페어리메도우에서는 온전한 설산의 위용을 그대로 드러내고 있었다.

페어리메도우는 넓은 초원 위에 원목으로 지은 산장이 있고 잔디 캠프사이트도 있는 그림 같은 곳이었다. 먼저 올라온 가이드가 방을 잡아놓아 내 방으로 들어갔다.

카고백을 가져오지 않아 갈아입을 옷은 없지만 따뜻한 물이 나와 땀에 젖은 몸을 씻고 나니 개운했다. 샤워를 하고 내 방 앞 의자에 앉아 낭가파르밧을 바라보았다. 보면 볼수록 하얀 눈을 뒤집어 쓴 낭가파르밧이 가슴 속으로 들어왔다.

얼마나 많은 사람들이 저 산에 오르기 위해 도전했을까? 그리고 또 좌절했을까? 그들의 숭고한 도전 정신이 전해져 오는 것 같았다.

2009년 우리나라를 대표하는 여성 산악인 고미영 씨도 이 산에서 유명을 달리했다. 낭가파르밧을 오른 후 하산하다 칼날능선에서 추락한 것이다. 많은 사람들의 안타까움을 자아냈지만 그래서 우리에게 더 유명해진 산이기도 하다.

수많은 사연을 간직한 낭가파르밧은 오늘도 말없이 서 있었다. 어느새 하얀 설산에 엷은 노을이 지고 서서히 어둠이 찾아오고 있었다.

2013.08.26
배탈과의 전쟁은 계속되고

원래 이번 일정은 베얄 캠프사
이트에서 자고 다음날 낭가
파르밧 베이스캠프에서 자는 것이었
다. 그런데 타리싱에서 일정을 조정하
는 바람에 당일치기로 베얄 캠프사이
트까지 갔다가 돌아온 뒤 다음날 내려
가는 걸로 바뀌었다.

루팔 베이스캠프에서도 일정을 조정해 후회가 됐는데 이곳에
서도 마찬가지였다. 일정을 조정하지 않아야 한다는 걸 여기 와서
알았다. 다시 가려고해도 카고백과 텐트 등 장비를 모두 라이코트
브릿지에 두고 와서 다시 바꿀 수도 없었다.

왜 일정을 조정하자고 했는지 곰곰 생각했다. 이렇게 일정을 바
꾸는 것이 그들에게는 일도 수월하고 포터를 쓰지 않아도 돼 이익
일 것이다. 하지만 이곳은 트레커들에게는 평생 한번 올까 말까한
먼 곳이다. 그래서 가능한 한 많이 보고 즐기고 갈 수 있도록 배려
해야 한다. 그런데 그들의 이익을 위해 일정을 조정했다는 생각이
들자 그동안 많은 수고로움에도 불구하고 괘씸한 생각이 들었다.

오늘은 캠핑을 하지 않기 때문에 베얄 베이스캠프에 갔다가 다
시 돌아온다. 그래서 컨디션이 좋지 않은 일행은 쉬기로 하고 컨
디션이 괜찮은 세 사람만 가기로 했다. 여기까지 와서 안 가고 쉬

는 게 마음 한 구석에 걸렸지만 오랜 배탈에 지친 몸을 다스리기로 했다.

페어리메도우에 햇살이 비치자 방안이 오히려 추웠다. 그래서 잔디밭에 마련된 평상에 누워 해바라기를 했다. 어린 시절 겨울이면 돌담에 기대 해바라기를 하던 기억이 났다. 콧물을 줄줄 흘리며 딱지치기를 하다 판이 끝나면 햇빛이 좋은 돌담에 쪼그리고 앉아 해바라기를 했었다.

유달리 햇빛을 좋아해 돌담에 기대 자주 해바라기를 했는데, 시간도 아득하고 공간도 멀고 먼 이곳 히말라야에서 아득한 그 시절의 모습이 문득 떠올라 묘하게 가슴을 울렸다.

페어리메도우의 햇살은 뜨거웠지만 바람은 서늘했다. 책도 읽고 음악도 들으며 무료한 시간을 보냈다.

오후에는 숙소 뒤편에 있는 작은 호수를 한 바퀴 돌았다. 아름드리 전나무와 히말라야 삼나무가 자라고 있는 아름다운 곳이었다. 작은 호수로 물길을 모아 수력발전도 하고 있어 이 고산에서 밤새도록 전등을 환하게 켤 수 있었다.

　호수를 돌고 와서 쉬고 있으니 베얄 캠프사이트 간 일행들이 돌아왔다. 낭가파르밧의 웅장함을 더 깊이 느낄 수 있고 초원이 정말 아름다운 곳이라고 자랑이 대단했다. 듣고 나니 가지 못한 아쉬움이 더 크게 다가왔다.

　조금 있으니 구름이 해를 가려 쌀쌀했다. 산장 한쪽에 타고 있는 모닥불 옆으로 가 불을 쬐며 이런저런 이야기를 나눴다. 같이 배탈로 고생하는 '닭알'님과 가이드에게 차편을 알아보라고 했다. 며칠이지만 일찍 갈 수 있으면 가고 싶어서다. 그러자 익발 사장에게 전화를 한 매니저가 500달러를 더 내란다. 2~3일 일찍 귀국하는 대가치고는 비싸다는 생각이 들어 현지 약을 사먹고 견디기로 했다.

모닥불을 쬐고 있는데 주방장 임티아스가 파키스탄 지사제라며 자기가 먹던 약을 주었다. 현지인인 그들도 빙하 물을 먹고 나 못지않게 설사를 하고 있는 것이었다.

이번 여행은 나뿐만 아니라 거의 모든 대원이 배탈과의 전쟁을 치렀다. 그만큼 물이 좋지 않은 곳이다. 맑은 물을 마음껏 마실 수 있는 우리나라가 그리웠다. 며칠이라도 일찍 가 몸을 추스르고 싶었으나 어쩔 수 없이 나머지 일정을 모두 소화해야 했다. 이게 나그네의 길이다.

길 위에 선 나그네를 위로하듯 낭가파르밧에 노을이 지고 어둠이 내리고 있었다.

낭가파르밧의 황금 일출을 보며 생각에 젖다

아침에 눈뜨자마자 카메라를 챙겨 밖으로 나왔다. 조금 있으니 낭가파르밧의 일출이 시작됐다.

5시 25분쯤 낭가파르밧 가장 높은 봉우리부터 서서히 황금색으로 물들이다가 순식간에 하얀 설산으로 돌아왔다. 일출 잔치가 끝난 것이다. 정말 순식간에 그림을 바꿔놓았다.

일출을 보며 생각에 젖었다. 오랜 시간 길을 걸으며 난 무엇을 얻었는가? 물음은 있어도 답은 없다. 내 마음에 '생각 씨앗' 하나 심은 것으로 만족했다.

쌀쌀한 아침 설산을 바라보다 내려갈 준비를 했다. 도무지 그치지 않는 설사를 그치게 하기 위해서 아침은 굶었다. 2~3시간 정도 걸어 내려간 후 올라올 때 공포에 떨었던 그 길을 또 내려가야 한다.

아침 햇살을 받으며 페어리메도우를 나서 울창한 삼나무와 전나무 숲길을 천천히 걸었다. 페어리메도우를 떠나는 아쉬움에 낭가파르밧을 뒤돌아보았다. 낭가파르밧이 무심한 얼굴로 서 있었다.

오랜 트레킹에 지쳐서인지 답을 찾지 못한 생각이 머리를 채우고 들어왔다. 우리는 왜 도시의 편안한 삶을 뒤로하고 이 험준한 산길을 걸으며 하지 않아도 될 고생을 하는가?

히말라야 트레킹은 자신의 모습을 찾아 떠나는 여행이다. 육체의 고통보다 더 큰 정신적 만족을 얻기 때문에 이런 고통도 감내할 수 있는 것이다.

고도를 내릴수록 확 밀려드는 뜨거움에 옷을 하나씩 벗었다. 올라올 때 길이 끊어져 더 이상 못 올라가고 지프에서 내린 곳에 왔다. 관광객을 태울 지프가 여러 대 있고 사람들도 제법 있었다. 외국인은 우리 밖에 없고 대부분 파키스탄 주민들이었다.

우리 팀은 지프 두 대에 나눠 타고 다시 천 길 낭떠러지 길을 내려갔다. 올라올 때의 공포가 똑같이 되살아났다. 정말 대단한 길이다. 어떻게 이런 길을 만들 생각을 했을까? 길을 갖고자 하는 인간의 욕망이 또 하나의 역사를 만든 것이다.

천길만길 낭떠러지에 매달린 지프가 허공에 붕 뜬 나뭇잎과 다름없었다. 이런 길을 1시간 이상 운전하는 지프 기사도 보통이 아니다. 모든 걸 운명에 맡길 수밖에 없다는 생각이 오히려 편안함을 주었다.

울퉁불퉁한 길을 가는 지프에 몸을 싣고 이리저리 흔들리다보니 어느새 출발한 곳인 라이코트 브릿지였다. 우리가 타고 왔던 지프가 대기해 있고 운전기사는 만면에 웃음을 띠고 우리를 맞았다.

쾌적한 페어리메도우에서 내려오자 다시 찜통더위가 시작됐다. 차를 갈아타고 미나핀으로 향했다. 두 시간여 달리면 길기트가 나오는데 그곳에서 파키스탄식으로 점심을 먹고 최종 목적지인 미나핀으로 간다.

다시 열풍이 훅 끼쳤다. 에어컨 실외기의 더운 바람이 나오는 곳에 선 느낌 그대로였다.

차창 밖은 온통 잿빛이다. 산도 강도 잿빛이고 파키스탄 북부 지방은 온통 이 색깔뿐이다. 온 산과 들에 나무 한그루 보기 힘든 곳이다. 한참을 달려 길기트에 왔다. 길기트 버스정류장 옆에 있는 식당에서 파키스탄 음식인 짜파티와 달로 식사를 했다.

길기트는 북쪽으로는 중국, 남쪽으로는 수도인 이슬라마바드로 통하고 동쪽으로는 스카르두로 이어지는 사통팔달 교통의 요충지이다. 먼 옛날부터 실크로드 교역이 이루어졌던 파키스탄 북부의 중추도시다. 그리고 회색빛 천지인 파키스탄 북부 지역에 녹색이 있는 곳이기도 하다. 그래서 사람이 많이 모여 살며 숲을 가꾼다. 푸른 숲이 없는 황량한 곳에는 사람이 스쳐지나갈 뿐 정착할 수 없다. 생명이 존재하지 못해서다.

식당을 나와 미나핀으로 향했다. 가는 길에 시장이 보여 이틀간

캠핑하면서 먹을 식재료를 샀다. 마을도 없는 길가에 시장이 있었다. 그곳이 근처에 흩어져 있는 마을 사람들이 장보기 좋은 교통의 요충지일 거라는 생각이 들었다.

장을 보고 잘 포장된 도로를 달렸다. 곳곳에 도로 공사 중이었다. 중국 건설회사가 파키스탄에 와서 도로를 만들고 있었다. 경제적으로도 위상이 커진 중국을 보는 것 같았다. 열악한 도로를 달리다가 잘 포장된 도로를 달리니 가슴 속까지 시원했다.

길기트에서 강변을 따라 난 길을 두 시간여 가니 라카포시 (rakaposhi 7,788m)가 보이는 작은 마을 미나핀이었다. 라카포시 뷰포인트에서 사진을 찍었다. 내가 선 자리에서 6,000m 가까이 수직으로 치솟은 설산이 라카포시다.

해발 2,000m인 미나핀에서 7,788m 라카포시 정상을 본다는 것이 실감나지 않았다. 이처럼 파키스탄 북부지역은 높고 험한 산들이 수직으로 솟아있다.

뜨거운 열기가 느껴지는 잿빛 산하에 하얗게 우뚝 솟은 라카포시! 눈으로 보지 않고는 상상조차 하기 어려운 풍광이 아닐 수 없었다.

하얗게 빛나는 설산을 뒤로하고 호텔로 들어갔다. 사과 과수원이 정원에 있고 장미꽃이 있는 작은 호텔이었다. 그동안의 여행에 지쳐 짐을 풀 생각도 않고 잔디밭에 앉아 이런저런 이야기를 하며 쉬었다.

라카포시가 보이는 미나핀의 작은 호텔에서 지나온 트레킹을 뒤돌아보았다.

푸른 훈자에 들어오다

세 **사람만** 라카포시 트레킹을 떠나고 컨디션이 좋지않은 네 사람은 훈자로 간다. 주요 트레킹이 끝난 뒤여서 큰 아쉬움은 들지 않았다.

눈앞에 서 있는 7,788m 라카포시가 아침 햇살에 하얗게 빛나고 있었다. 훈자 지방 어느 곳에서나 볼 수 있는 라카포시는 미나편 호텔에서도 빤히 보였다. 그 고고한 자태에 눈이 부셨다.

히말라야 산맥과 카라코람 산맥, 힌두쿠시 산맥이 같이 있는 곳이 파키스탄 북쪽이다. 이렇게 거대한 산맥이 한곳에 모여 있는 세상에서 유일한 곳이다. 그래서 하늘 무서운 줄 모르고 산들이 치솟아 있고 그 규모 또한 어마어마하다.

동쪽에서 흘러온 히말라야 산맥이 낭가파르밧을 솟구친 뒤 인더스 강으로 소멸하고 그곳에서부터 다시 솟아오른 산맥이 카라코람 산맥이다. 파키스탄 북부지역 대부분을 차지하고 있는 카라코람 산맥은 고산에서 발원하는 엄청난 빙하를 품고 있다. 7,000~8,000m가 넘는 산들이 수없이 솟아있으니 세계에서 가장 빙하가 발달한 곳일 수밖에 없다.

트레킹을 떠나는 일행을 보내고 훈자로 출발했다. 훈자는 파키스탄 북부 산간지방에 있는 보석같은 마을로 라카포시가 빤히 보이는 훈자 강을 따라 형성된 훈자 계곡(hunza valley)에 있다. 훈자의 중심은 발팃(baltit) 성채가 자리한 카리마바드(karimabad)다. 해발 평균 고도 2,438m.

　봄이면 살구, 복숭아, 자두, 사과, 앵두나무 꽃향기가 온 마을을 뒤덮고 가을이면 빨갛게 익은 사과, 노랗게 물든 포플러 나무와 흰 설산이 어울려 축제를 여는 곳이다. 훈자는 19세기 후반까지 세상에 알려지지 않았다.

　제임스 힐튼이 쓴 소설 '잃어버린 지평선'에 나오는 신비로운 계곡인 '샹그릴라'의 모델이 훈자라는 소문이 서구에 퍼지면서 비로소 세상에 알려졌다. 일본 작가 미야자키 하야오의 애니메이션 '바람계곡의 나우시카'의 무대도 훈자다. 그래서 더 유명해진 곳이다.

　카리마바드 길 양옆으로 가게들이 늘어서 있는데 모델 학교가 눈길을 끌었다. 차도르를 쓰고 다니는 파키스탄에서 여자 모델을 양성하는 학교가 있을 거라고는 생각조차 하지 못했다. 그러나 모델학교(Model Scool)는 모델을 양성하는 학교가 아니었다. 파키스탄 교육부에서 인정하는 교과과정을 가르치는 정규 학교나 모범적인 학교였다.

　훈자의 낮은 더웠다. 하지만 고도를 많이 올려서인지 칠라스

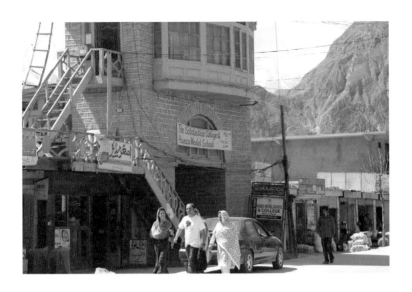

의 열기와는 비교할 수 없을 정도로 낮았다. 그만큼 칠라스는 뜨거운 곳이었다.

파키스탄 훈자는 알게 모르게 많이 알려져 있다. 특히 오지를 여행하는 배낭 여행자들에게는 성지와도 같은 곳이다. 훈자는 한 때 세계 최장수 마을이었다. 하지만 카라코람 하이웨이가 생기고 나서부터 평균수명이 뚝 떨어져 보통 마을이 되었다.

훈자는 살구가 유명한데 훈자지방 사람들의 장수에 지대한 영향을 준 과일이다. 살구에 있는 비타민과 미네랄, 부족한 지방을 보충하는 살구씨 기름이 이 지방 사람들의 소박한 생활과 어울려 건강을 선사했다. 그러나 카라코람 하이웨이로부터 문명이 들어오면서 장수 마을의 명성을 앗아가 버렸다. 편리함과 안락함이 인간의 염원인 장수와 멀어지게 만든 것을 어떻게 생각해야 할까?

훈자는 푸르렀다. 훈자를 둘러싼 산은 잿빛 민둥산이지만 강 옆으로는 푸른 숲이 있다. 빙하 강물을 끌어들여 나무를 기르고 곡식을 재배하며 짐승을 키운다. 푸른 숲이 황량한 고산에 생명의 기운을 불어 넣었다.

　온통 잿빛인 파키스탄 북쪽 지방을 여행하면서 푸른 숲이 그
리웠다. 산이 칼날처럼 서 있고 사막 같은 열기가 뿜어져 나오는
곳이어서 나무가 뿌리내리기 쉬운 곳이 아니었다. 그래서 조그
만 숲이라도 있으면 영락없이 사람이 살고 짐승이 크고 곡식이
자라고 있었다. 숲은 땅을 기름지게 하여 뭇 생명을 키우는 보배
라는 생각이 들었다.

　훈자는 황량함과 푸르름으로 세상의 여행자를 모으고 있었
다. 그리고 훈자를 굽어보는 라카포시 설산은 신성스러움을 뿜
어내며 훈자를 더욱 빛나는 보석이 되게 했다.

이글네스트호텔에서 비를 맞다

해발 2,850m에 있는 이글네스트호텔. 뾰족한 레이디핑거(6,000m)가 호텔 뒤에 있고 눈앞에는 라카포시 설산이 있었다.

라카포시 설산에 황금색 일출이 시작되었다. 그러나 네팔 안나푸르나 푼힐 전망대에서 보는 일출만큼 강렬하지는 않았다.

8,000m급 고산인 다울라기리, 안나푸르나를 차례로 황금색으로 화려하게 물들이는 푼힐 전망대의 일출은 가슴을 뛰게 했다. 인간의 눈은 처음 본 강렬함에만 격렬하게 반응하는 것 같았다.

그 동안 고산의 일출을 많이 봤는데 볼 때마다 느낌이 달랐다. 날씨와 계절에 따라 다르기도 하고 감정 상태에 따라서 다르게 보였다. 훈자의 라카포시 일출은 강렬함은 느낄 수 없었지만 기분 좋은 아침을 선사했다.

일출이 끝나고 조금 후에 구름이 산을 가리기 시작하더니 빗방울이 한 방울 두 방울 툭툭 떨어졌다. 내 기억속의 히말라야는 맑고 청명해서인지 비가 오는 장면이 낯설게 느껴졌다.

창가에 서서 차가운 빗방울을 바라보았다. 빗방울 속에서도 푸른 하늘이 언뜻언뜻 보이고 잠깐 햇살이 비쳤다. 그런데 오후가 되면서 먹구름이 짙어지기 시작하더니 점점 빗소리가 크게 들렸다. 짙은 안개가 대지를 감싸고 차가운 비가 제법 세차게 내리기 시작했다. 라카포시 트레킹 간 일행은 무사할까? 워낙 베테랑들이라 아무 탈 없겠지만 그래도 차가운 비를 맞으면 힘들다. 무사히 돌아오기를 빌었다.

하루 종일 호텔 방과 레스토랑을 오가며 책을 읽고 음악도 들으며 휴식을 취했다. 이 호텔에는 세계를 여행 중인 한국인 젊은 부부와 우리만 있다. 이미 시즌이 끝나 외국인 트레커는 없었다. 숙박비가 비싼 곳이라 배낭 여행자가 이 호텔에 묵는 것은 부담이 되어서 잘 오지 않는다.

실로 오랜만에 잠 오면 자고 먹고 싶으면 먹으면서 빈둥거렸다. 완전하지는 않지만 배탈도 많이 진정되었다. 트레킹을 하면서 갖는 약간의 긴장과 피곤함도 없었다. 이렇게 보내는 시간도 길 위에서 보낸 시간만큼이나 소중하다는 생각이 들었다.

그러고 보면 헛된 시간이란 우리의 관념 속에 있는 것이지 존재하지 않는지도 모른다. 무위의 시간이 자양분이 되어 또 다른 풍요를 가져다주는 근원이라는 생각이 들었다.

차가운 비가 내리는 훈자는 운무에 휩싸여 있고 시간은 속절없이 흘러가고 있었다.

2013.08.30
이글네스트 언덕 돌탑에 돌을 얹다

오늘도 종일 비가 내렸다 그쳤다 한다. 사이드트레킹도 포기하고 호텔에서 시간을 보냈다.

훈자 왕국이 안정적인 삶을 살게 된 것은 천여 년 전인 10세기 이후다. 현군으로 추앙받는 '나짐 칸'이 수직의 산비탈을 계단식으로 깎고 물이 새지 않도록 높은 방벽을 세웠다. 그리고 훈자강의 기름진 퇴적토를 져 올려 다랑이 밭을 만들었다. 빙하 물을 끌어들이는 관개수로 공사를 완성해 먹을거리가 부족하던 훈자에 삶을 이어갈 수 있는 토대를 세웠다. 이렇게 하여 훈자는 험준한 히말라야 깊은 골짜기에 과일 나무가 우거지고 지친 여행자들의 휴식처가 된 것이다.

여행자는 한 곳에 오래 머물지 않지만 느낌이 좋은 곳에서는 오래 머문다. 훈자는 그 명성만큼 멋진 곳이어서 장기간 머무는 여행자가 많았다.

훈자의 풍광은 빼어나다. 무채색 천지인 산하에 푸른 유채색이 어울려 감동을 주고 탄성을 자아내게 한다. 무엇보다 사람들이 친절하다. 때 묻지 않은 자연만큼 순수한 사람들을 만날 수 있는 곳이다. 그래서 많은 여행자들이 머물며 멋진 추억을 간직하는 곳이다.

망중한을 즐기고 있는데 라카포시 트레킹 간 일행이 돌아왔다. 라카포시 베이스캠프와 디란을 거쳐 온 이야기에 신이 났다.

몸이 불편해 가지 못한 아쉬움을 사진도 보고 이야기를 들으며 달렸다. 궂은 날씨에 감기도 안 걸리고 온 걸 보면 역시 타고난 트레커들이다.

오후 늦게 호텔 뒤 언덕에 올랐다. 날이 맑으면 라카포시, 레이디핑거 등 훈자의 상징들을 바라보며 망중한을 즐기기 좋은 곳이다. 비가 오락가락하는 흐린 날이라 전망은 좋지 않았다. 이런 날씨에도 파키스탄 주민 몇 명이 이글네스트 언덕에 올라 훈자 계곡을 내려다보고 있었다.

제법 넓은 언덕이다. 이글네스트 언덕에 있는 바위는 독특했다. 바위마다 구멍이 뚫려 있고 이 구멍이 독수리 둥지를 닮았다고 하여 이글네스트란 이름이 붙었다. 언덕 한켠에 돌탑이 보였다. 누가 쌓았을까? 여행자일까? 이곳 주민일까? 오직 알라만 믿는 무슬림들이 쌓지는 않았을 것이다. 하지만 그게 무슨 상관이랴! 인간의 마음속에는 신을 믿든 믿지 않던 자기가 소망하는 것에 대한 간절한 바람은 있을 것이고 그 소망이 이런 형태로 나타났을 것이다.

돌멩이 하나를 집어 돌탑 위에 얹고 마음속으로 무사히 트레킹이 끝났음에 감사드렸다.

커다란 바위 위에 올라가 훈자를 굽어보며 언덕을 배회했다. 한 달의 시간이 흘렀을 뿐인데 지나온 시간이 저 멀리 있는 과거처럼 느껴졌다. 대자연의 향기에 취해 기억이 정지된 것은 아닐까?

아무리 자연이 좋아도 사람들이 부대끼는 삶의 터전으로 돌아가야 하는 것이 여행자의 숙명이다. 여행자에게 돌아갈 집이 있고 가족이 있다는 것이 얼마나 다행한가? 집으로 돌아갈 수 있다는 것이 편안함을 주었다.

아무 하는 일 없이 지내다보니 무료했다. 시간이란 상황에 따라서 이렇게 더디 갈 수도 있다는 걸 새삼 깨달았다.

2013.08.31
욕망은 끝이 없고 가야할 길도 끝이 없다

훈자 인근에 있는 파수로 가려는 계획도 비로 인해 취소
됐다. 한번 흐린 하늘에서 좀체 맑은 햇살을 비추지 않
았다. 햇빛이 비치지 않아서 추웠다. 카고백에 넣은 구스다운
점퍼를 다시 꺼내 입었다. 면역력이 떨어져 한 번 흐르기 시작
한 콧물은 멈추지 않고 흘렀다. 썰렁한 방안에 이불을 뒤집어쓰
고 노래를 들었다. 방 안에서 뒹구는 것도 지루하여 레스토랑으
로 갔다.

이 호텔에 묵고 있는 한국인 젊은 부부가 이 호텔 주인장 내외
와 이야기를 나누고 있었다. 80세는 더 되어 보이는 노부부가 만

면에 웃음을 띠고 이야기를 하고 있었다. 늙은 주인장이 건강해 보였다. 아직도 호텔의 자잘한 일은 손수하는 등 크게 욕심 부리지 않고 몸을 부지런히 움직여서 그런 것 같았다.

노주인은 돈은 아내가 관리하고 자기는 일꾼이라고 하여 웃었다. 남성이 모든 걸 다 갖고 있다고 생각하는 파키스탄에서 듣는 소리라 놀라웠다. 일반 가정의 생활은 우리와 크게 다르지 않을지도 모른다는 생각이 들었다.

30대 초반의 젊은 부부는 1년 예정으로 세계여행 중이었다. 중국을 여행하고 중앙아시아를 거쳐 파키스탄 훈자로 온 것이다. 여기서 서늘할 때까지 있다가 이란, 중동과 유럽을 거쳐 남미로 간다고 했다. 이제 2개월이 지났으니 열 달을 더 여행하고 한국으로 돌아간다는 것이다. 여행 경비를 마련한 뒤 직장을 그만두고 여행을 나섰다고 했다. 그런 계획을 세우고 실행한다는 건 큰 용기와 결단이 필요하다.

젊은 신혼부부 여행자를 보자 옛날 생각이 났다. 해외여행 규제가 있던 학창시절을 보냈다. 해외로 공부하러 가거나 여행하

는 건 꿈같은 시절이었다. 해외여행에 대한 갈망이 컸던 시절을 보내서인지 1981년 해외 여행자유화가 되고 나서는 틈만 나면 이곳저곳을 여행하며 갈증을 해소했다. 아쉬움을 느끼지 못하면 갈증도 없다. 그러나 히말라야 트레킹은 조금 다르다.

고된 트레킹을 하면서 내가 왜 자꾸 히말라야를 찾는지 답도 없는 질문을 되풀이했다. 하지만 아직까지 명확한 답은 얻지 못했다. 이것저것 많은 이유를 댈 수는 있지만 이것 하나만은 말할 수 있지 않을까 싶다. 아직도 내 자신의 욕망이 히말라야에 있기 때문이다. 히말라야에 가면 힘은 들지만 마음의 충만을 느낄 수 있으니 히말라야를 찾는 것이다.

욕망이란 부족함을 느껴 무엇을 가지고 싶은 마음이다. 나는 히말라야에서 무엇을 가지려 했을까? 욕망이란 다 채워질 수 없는 그릇이기에 비움의 아름다움도 찾아야 한다. 히말라야를 걸으며 얼마나 내 자신을 덜어냈는가? 히말라야를 찾은 햇수만큼 나는 세월의 흔적을 담고 있지만 히말라야의 설산은 그 모습 그대로다. 히말라야 트레킹은 결국 내 모습을 쳐다보게 하는 거울이라는 생각이 들었다.

처음 안나푸르나 베이스캠프 트레킹을 하며 본 물고기 꼬리 모양의 아름다운 산 마차푸차레와 안나푸르나가 내 뇌리에 강렬한 인상을 남겼다. 첫 만남이 너무 강렬해서인지 매년 히말라야에 가도 내 마음은 여전히 히말라야에 있었다. 히말라야의 광대함에 매료되어 사랑하는 여인을 만나듯 매년 찾았다. 그 길이 쉬운 길이 아닐지라도 연인을 향한 마음처럼 쉽게 식지 않을 거라는 예감이 든다. 욕망은 끝이 없고 가야할 길도 끝이 없다.

2013.09.01
시간은 기다려주지 않는다

9월 첫날을 파키스탄의 훈자 마을에서 맞았다. 비는 계속 내리고 있었다. 우리가 묵고 있는 이글네스트호텔은 훈자 마을의 전망대다. 시장이 있고 사람들이 많이 모여 사는 아랫 마을은 볼 일이 있을 때만 지프로 갔다왔다 했다.

훈자는 훈자 왕국, 훈자 계곡을 줄여서 부르는 말이다. 훈자는 카리마바드, 알티트, 듀이가르, 가네쉬 등 여러 마을을 말하지만 주로 카리마바드를 일컫는다. 훈자 마을의 향기와 참맛을 알려면 훈자의 중심지인 카리마바드에 머물며 이곳저곳 돌아다녀야 한다.

듀이가르 마을의 이글네스트 언덕은 사람들이 모여 살고 생필품을 파는 시장이 있는 곳이 아니어서 사람을 만나 정을 나누기는 여의치 않은 곳이다. 그러나 시원하게 앞이 탁 트여 전망은 압권이다.

훈자를 굽어보고 있는 라카포시, 디란뿐 아니라 뒤로는 울타르피크와 여인의 날카로운 손톱처럼 솟은 레이디핑거를 한 눈에 조망할 수 있는 곳이다. 조용하고 풍광이 좋아 휴식하기 알맞은 곳이다.

우리가 훈자로 들어온 뒤로는 날씨가 계속 좋지 않아 본의 아니게 호텔에 있는 시간이 길어졌다. 훈자 주변에도 간단하게 트레킹 할 곳이 많다. 그래서 트레킹 계획을 세웠지만 아침이면 비

가 와서 취소하고 다음날로 미루고 미뤘다. 결국 오늘까지 훈자 주변 트레킹은 하지 못했다. 훈자 주변을 둘러보지 못한 아쉬움이 남았지만 시간이란 이렇게 기다려주지 않는다.

트레킹이 끝날 때까지 예비일로 둔 3일을 사용하지 않아서 3일이란 시간이 남았다. 트레킹이 끝나 일찍 한국으로 들어가려고 익발 사장에게 표를 부탁했는데 비행기 좌석이 없다고 했다. 어쩔 수 없이 예약한 날짜에 갈 수 밖에 없다는 것이다.

파키스탄에서 우리나라로 가는 직항은 물론 없고 태국 방콕으로 가는 비행기도 매일 있는 게 아니었다. 비행기 운항편수가 적고 인원이 많아 날짜를 당길 수 없다고 했다. 여행이란 돌아서 결국 집으로 가는 것인데 트레킹이 끝나 빨리 집에 가고 싶어도 마음대로 할 수 있는 건 아니다.

오후에 아내에게서 문자가 왔다. 구구절절 힘든 모습이 배어 있었다. 같이 일을 하다 보니 누구 한사람 빠지면 그 몫까지 다

해야 해서 어려움이 배가 된다. 이렇게 오랜 시간 일터를 비우
면 더할 것이다. 한시라도 빨리 가서 일을 덜어줘야 하지만 마음
만 바쁠 뿐이었다.

　오후 늦게서야 모처럼 훈자마을에 햇살이 비추었다.

훈자를 떠나 인더스 강의 거친 물살을 따라 내려오다

일주일간 머물렀던 훈자를 떠난다. 비가 계속 내려 훈자 주변을 둘러보지 못한 아쉬움이 크지만 떠나야할 시간이 되면 나그네는 길을 가야 한다.

오늘은 그동안의 궂은 날씨를 만회하듯 맑았다. 훈자를 빛나게 하는 라카포시도, 여인의 손톱 같은 레이디핑거도 얼굴을 내밀었다. 사진을 찍으며 아쉬움을 달래고 이글네스트 호텔을 출발했다.

길기트와 칠라스를 거쳐 비샴까지 간다. 가이드 가풀이 15시간 예상한다고 했다. 승합차 기사가 언덕을 내려오자마자 시원하게 밟았다. 아직 훈자 지역이라 덥지 않지만 칠라스 지역으로 들어가면 더울 것이다. 그런데 한 달이 지나는 동안 가을이 성큼 다가와 올라올 때와는 비교할 수 없을 정도로 선선했다.

길기트를 지나 페어리메도우 가는 곳인 라이코트 브릿지로 오자 더위가 훅 파고들었다. 그런데 승합차에 에어컨이 안 나왔다. 그래서 칠라스에서 점심 먹는 동안 에어컨이 나오는 차로 바꿔 짐을 옮겨 실었다. 호송 무장경찰까지 합쳐서 12명이 더운 날씨에 에어컨이 안 나오는 승합차를 타고 10시간 이상 달린다는 건 상상만 해도 끔찍했다.

점심을 먹은 뒤 바꾼 차를 타고 출발했다. 여전히 덥지만 열풍이 불던 이곳에도 한풀 더위가 꺾여 격세지감을 느꼈다.

인더스 강을 따라가는 카타코람 하이웨이는 여전히 아찔했다. 세차게 강물이 흐르고 강을 따라 산허리에 난 길은 오금을 저리게 했다. 이런 길을 열 시간 이상 가야 오늘 묵을 비샴에 도착한다.

올라올 때나 내려갈 때나 인더스의 잿빛 강물은 변함없이 회색빛 산을 끼고 빠른 속도로 무섭게 흘렀다.

다들 피곤한지 모두 깊은 잠에 빠져있었다. 나도 비몽사몽간에 잠깐 자고 일어나 창밖을 보았다. 한 달 이상 본 파키스탄 북부지역은 어딜 가나 똑같은 색이다.

7,000~8,000m가 넘는 산이 부지기수인 이곳은 상상한 것보다 훨씬 높고 거칠고 험했다. 검은 산들과 거대한 빙하가 인간의 발길을 부르지만 결코 쉽게 허락하지는 않는 곳이다.

K2 발토르 트레킹을 처음 시작할 때보다는 이곳 환경에 많이 적응됐다. 하지만 이런 척박한 환경에 완전히 적응할 수는 없을

것 같았다.

　이런저런 생각에 젖어 창밖을 보다가 운전기사를 보니 눈이
빨갛다. 많이 피곤해 보였다. 잠이 오는지 귀를 만지고 당겼다.
보기에도 참 아찔하게 느껴졌다. 수천 길 낭떠러지 위에서 보는
모습이라 더했다.

　옆에서 졸고 있는 매니저 사가왓을 깨워 기사와 말이라도 좀
하라고 하자 괜찮다며 또 잔다. 이들에게는 일상이니 아무렇지
도 않은 모양이었다. 모든 건 하늘에 달려있다 생각하고 최대한
편안한 마음으로 갈 수밖에 없었다.

　휴식을 위해 강변에 있는 다수 마을에 차를 세웠다. 콜라를 한
병 벌컥벌컥 마셨다. 갈증도 갈증이지만 워낙 물 때문에 고생을
해서인지 평소 거들떠도 안 보던 콜라를 시원하게 마셨다.

　다들 한두 번 배탈이 나긴 했지만 나는 '설사교 교주'라는 별명
을 얻을 정도로 자주 났다. 히말라야를 여덟 번째 찾았지만 이번
만큼 지독하게 적응하지 못한 적은 없었다.

휴식을 한 뒤 무장경찰을 태우고 다시 출발했다. 외국인 트레커들은 무장 경찰의 호위를 받으며 이동하는 참 특이한 여행을 하고 있다. 개별적으로 만나면 순하고 친절한 사람들이다. 그런데 세상을 떠들썩하게 하는 테러가 자주 일어나니 어떻게 봐야 할까? 서로 생각의 차이가 테러와 살상으로 나타나는 것이다. 생각의 차이가 정말 무섭다고 느꼈다.

이슬라마바드를 떠난 첫 날 점심을 먹은 비샴 인터콘티넨탈 호텔에 늦은 밤 도착했다. 해발고도가 1,000m 아래로 떨어져서인지 후텁지근했다. 올라올 때 너무 뜨거워 햇살 앞에 나서기도 힘들었던 기억이 났다. 호텔 로비에 햇살을 피해 서 있었는데 그때와 비교하면 기온이 많이 떨어졌다.

말이 호텔이지 참 허름하다. 1층은 공사 중이라 비닐이 쳐져 있고 2층도 허름한 모습 그대로다. 창문은 방충망이 찢어져 있고 전기 사정이 안 좋아 복도는 어둠침침했다. 하지만 오늘 하루도 '인샬라!(신의 뜻대로)' 잘 마무리 되었다.

텁텁한 산중의 밤이 깊어가고 있었다.

2013.09.03

다시 이슬라마바드에 오다

오늘 이슬라마바드 도착으로 트레킹의 모든 일정은 끝난다.

새벽 3시 잠이 깼다. 트레킹을 하면 일찍 자서인지 새벽 1시나 2시면 어김없이 일어나 뒤척거리다 아침을 맞았다. 잠이 적은 편은 아니라고 생각하는데 일찍 일어나는 걸 보면 많은 편도 아닌가보다.

새벽 4시가 좀 지나자 확성기로 기도 소리가 들렸다. 스카르두에서 듣던 기도소리다. 산중 작은 마을에서는 못 들었는데 여기서 들리니 비샴도 큰 마을이구나 싶었다. 밖으로 나가 별을 보고 다시 침대로 들어와 누워도 잠은 오지 않았다.

5시쯤 카메라를 들고 밖을 나가자 총을 든 경비원이 텔레비전을 보다말고 따라 나왔다. 치안이 불안한 곳이라 경비원은 본분에 충실한 행동이지만 마음껏 거리를 활보하지 못해 아쉬웠다. 일찍부터 상인들이 자기 가게 앞을 청소하고 있었다. 새벽부터 손님 맞을 준비를 하고 있는 상인들을 보니 상인들은 어느 곳이나 참 부지런하다는 생각이 들었다. 깨끗한 거리가 상쾌했다.

아침을 먹고 7시 40분쯤 출발했다. 조금 가자 큰 다리가 나오고 군인들과 경찰의 검문이 이어졌다. 군인들은 패스포트까지 요구하며 외국인에 대한 검문을 철저하게 했다. 우리는 테러는 자국민이 하는데 검문은 외국인을 한다고 수군거렸다.

고도를 많이 내리자 산도 완연한 녹색이다. 잿빛 풍광에 익숙
해져 있다가 녹색을 보니 상쾌하다. 하지만 인더스 강물은 여전
히 잿빛이다. 오히려 자신의 존재를 증명이라도 하듯 도도하게
소리치며 더 세차게 흐르고 있었다.

발토르 빙하에서 강물이 쏟아지던 장면이 떠올랐다. 빙하는
그 자체로 생명을 갖고 있지 않는 불모다. 그런 빙하가 녹아 강
을 만들고 문명을 만들었다. 무에서 유를 창조하는 대자연의 섭
리를 느낄 수 있었다.

어제 15시간을 달려 길을 많이 줄였는데도 갈 길은 여전히 멀
었다. 자다 깨다 해도 이슬라마바드는 나타나지 않았다. 사람이
많이 모여 사는 곳이라 곳곳에 시장이 서 있고 그래서 차량 운행
속도는 더욱 떨어졌다.

점심때가 되어 레스토랑에서 파키스탄식으로 점심을 먹었
다. 제법 큰 도시에 있는 레스토랑이어서인지 근사하게 음식
이 나왔다.

드디어 이슬라마바드다. 8시간 걸렸다. 서밋 카라코람 익발 사장이 웨스턴호텔로 안내했다. 파키스탄에 처음 도착해서 묵은 3성급 호텔이 아니라 4성급 호텔로 보기에도 괜찮은 호텔이었다.

따뜻한 물에 샤워를 하고 나오니 피로가 풀리는 것 같았다. 호텔 레스토랑에서 저녁을 먹고 로비에 모여 담소를 나누고 있는데 익발 사장이 다가왔다.

트레킹 일정이 오늘로 끝나 집으로 갈 때까지 있어야 하는 3박 4일간 일정을 의논했다. 파키스탄의 오랜 도시인 라호르를 관광하려면 450달러를 더 내야한다고 했다. 우리는 예상하지 못한 일이어서 결정을 미루고 내일 의논하기로 했다.

여행은 끝까지 생각지 못한 변수의 연속이다. 내일 일은 내일 생각하자며 오랜만에 편안하고 안락한 호텔에서 깊은 잠에 빠져들었다.

2013.09.04

'인샬라' 신의 뜻대로 다시 만날 수 있을까

여는 때와 마찬가지로 이른 새벽에 잠이 깼다. 로비로 나오자 졸린 눈을 한 경비원만 있을 뿐 고요하기 그지없었다. 라호르 관광을 할 것인지 아닌지를 조용히 생각했다.

라호르는 무굴제국의 수도였고 파키스탄 경제 문화 교육의 중심도시다. 일찍이 간다라 문명을 꽃피운 곳이다. 무굴제국의 번성기에는 '라호르보다 아름다운 도시는 라호르 밖에 없다'는 말이 생겼을 정도로 역사와 문화가 숨쉬는 도시다. 이런 도시를 가보지 않으면 후회할 거라는 생각이 들었다.

모두 깊은 잠에 빠졌는지 식사 시간이 되어도 아무도 나오지 않았다. 기다리다가 혼자 아침식사를 하기 위해 레스토랑으로 갔다. 갖가지 음식과 과일들이 깔끔하고 풍성하게 차려져 있었다. 파키스탄에 와서 하는 최고의 아침 식단이었다.

조금 있으니 일행들이 들어왔다. 같이 식사를 하며 오늘 일정을 의논하는데 예상외로 라호르로 가려는 사람이 없었다. 고된 트레킹을 끝낸 뒤라 더위에 고생하기 싫어 가고 싶지 않다는 것이다.

조금 있으니 익발 사장과 가이드 가풀이 왔다. 출발할 때 남겨둔 트레킹 경비 20%를 정산하는데 문제가 생겼다. 이메일로 오고 간 내용을 일일이 확인했다. 미묘한 해석의 차이였다.

아무 것도 결정하지 못하고 이런 저런 이야기를 하며 시간을 보내고 있었다. 12시쯤 어제 혹시나 하고 컨펌을 의뢰한 '새벽산

행'님의 티켓이 나왔다는 연락이 왔다. 하루라도 더 일찍 가려고 그렇게 노력해도 안 되던 티켓이 나온 것이다.

그 소리를 들은 '새벽산행'님이 타이항공 사무실로 직접 가면 길이 열릴지 모른다고 같이 가자고 했다. 부랴부랴 익발 사장과 택시를 타고 타이항공 사무실로 갔다.

트랑고 타워를 오른 한국 여성원정대의 대원이 와 있었다. 반갑게 인사를 하고 컨펌을 의뢰했다. 놀랍게도 모든 일행이 오늘 비행기로 갈 수 있는 표가 나왔다. 하이파이브를 하며 기뻐했다. 함박웃음을 지으며 호텔로 돌아와 일행들에게 기쁜 소식을 전했다.

늦은 점심을 먹고 경비 정산을 했다. 해석 차이로 문제가 된 부분은 결국 우리가 양보해 100달러씩 더 내기로 했다. 또 정산을 끝내지 않고 먼저 간 일행 3명의 나머지 경비 1,500달러는 '피켈맨' 궁대장이 서울 가서 그간의 사정을 형님들에게 설명하기로 했다.

아무튼 생각지도 못했는데 떠나게 돼 기분이 좋았다. 이 소식을 식구들에게 전하고 호텔 로비를 서성거렸다. 밤 11시 20분 비행기여서 9시에 호텔을 출발하면 된다.

호텔 바깥은 더워서 나가지 않고 시원한 호텔 로비에서 비행기 탈 시간을 기다렸다. 정해진 시간이 그렇게 지겨울 수가 없었다. 파키스탄에서 보낸 40일 가까운 시간이 주마등처럼 눈앞을 스쳐지나갔다.

늦은 점심을 먹고 운동을 하지 않아서인지 속이 더부룩해 저녁식사는 건너뛰었다. 그동안 동고동락한 스텝들과 이야기도 나누고 사진도 찍었다.

하루 종일 우리를 배웅하기 위해 있는 스텝들도 지루하기는 마찬가지일 것이다. 그들도 우리와 같이 있느라 집에도 가지 못하고 끝까지 소임을 다하고 있었다.

기다리고 기다리던 9시가 되어 호텔 승합차 2대에 나눠 타고 공항으로 출발했다. 공항으로 가는 넓은 도로가 달리는 차들로 복잡했다. 공항에 도착해 짐을 카트에 싣고 서밋 카라코람 에이전시 스텝들과 일일이 포옹하고 인사를 나누었다. 그동안 많은 정이 들어 너나없이 눈가가 촉촉했다.

그들도 우리도 감정의 교류가 참 많이 된 것이다.

긴 줄이 사라질 때까지 가지 않고 끝까지 서서 손을 흔드는 사장 익발, 가이드 가풀, 주방장 임티아스, 세컨 가이드 이브라임, 매니저 사가왓 등 정든 얼굴들이 시야에서 사라질 때까지 우리도 손을 흔들었다. 언제 또 만날 수 있을까?

오직 '인샬라!(신의 뜻대로)'다.

신의 뜻대로 될 것이고 신만이 알 것이다.

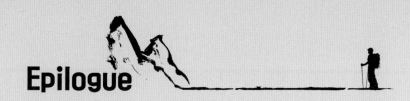

Epilogue

늦은 밤 우리 일행을 태운 타이항공 비행기가 하늘로 솟구쳐 올랐다. 파키스탄을 떠나는 것이다. 올 때 카라코람 K2 발토르 트레킹에 대한 기대를 품고 왔는데 떠나는 지금 그 기대가 어떻게 얼마나 채워졌는지 자문해 본다.

이슬람의 나라 '파키스탄'에 대해서 일반적으로 알고 있는 정도의 지식을 가지고 왔지만 한 달 여 있으면서 얼마나 많이 바뀌었을까도.

여행이란 무엇인가? 나짐 히크메티의 시를 떠올리며 지나온 여정을 돌아보았다.

진정한 여행

나짐 히크메티

가장 훌륭한 시는 아직 씌어지지 않았다.
가장 아름다운 노래는 아직 불려지지 않았다.
최고의 날들은 아직 살지 않은 날들
가장 넓은 바다는 아직 항해되지 않았고
가장 먼 여행은 아직 끝나지 않았다.
불멸의 춤은 아직 추어지지 않았으며
가장 빛나는 별은 아직 발견되지 않은 별

무엇을 해야 할지 더 이상 알 수 없을 때
그때 비로소 진정한 무엇인가를 할 수 있다.
어느 길로 가야 할지 더 이상 알 수 없을 때
그때가 비로소 진정한 여행의 시작이다.

이번에 여행한 곳은 사람이 어울려 사는 도시나 시골 마을이 아니라서 사람과 많이 부대끼지는 않았다. 그래서 일반적인 여행에서 느끼는 것과는 많이 다르다. 대자연을 찾아 떠나는 트레킹이라 오로지 자신의 몸으로 대자연을 느낀다.

대자연의 품에 안기기 위해서는 그에 따른 고통도 즐겨야하는 게 트레킹이다. 이런 여행을 통해 내 자신을 조금이라도 찾을 수 있었다면 의미 있는 일이 되는 것이다.

지난 여름의 기억은 나에게, 함께한 모두에게 소중한 추억이 될 것이다. 고소와 추위, 배고픔 속에서 보낸 시간들이 다시 그리워질 때쯤이면 아마 다시 산을 찾을 것이다. 시간이 지나면 모든 힘든 기억은 사라지고 추억만 남기 때문이다.

이런 저런 상념에 잡혀 창 밖을 보다 피곤해 잠을 자려고 눈을 감아도 잠은 들지 않고 발토르 빙하 위를 걷던 모습만 눈앞에 어른거렸다.

이제 돌아온 곳으로 다시 간다. 떠날 때는 폭염이 시작되는 7월말이었지만 지금은 가을이 시작되고 있는 9월이다.

이렇게 여행을 할 수 있다는 것에 감사하며 인천공항에서 K2 발토르 트레킹의 날개를 접었다.

과연 나는 길 위에서 길을 찾았을까?

일정표

순서	날짜	주요일정
1	7월28일	인천국제공항 출발,방콕 도착
2	7월29일	파키스탄 이슬라마바드 도착
3	7월30일	이슬라마바드 시내 관광
4	7월31일	이슬라마바드~칠라스
5	8월01일	칠라스~스카르두(2,667m)
6	8월02일	스카르두 휴식일(고소적응일)
7	8월03일	스카르두~아스꼴리(3,000m)
8	8월04일	아스꼴리~줄라(3,250m)
9	8월05일	줄라~빠유(3,450m)
10	8월06일	빠유 휴식일(고소적응일)
11	8월07일	빠유~파키르캠프(3,630m)
12	8월08일	파키르캠프~트랑고 베이스캠프(4,000m)
13	8월09일	트랑고 베이스캠프~호불체(3,800m)
14	8월10일	호불체~고로1(4,200m)
15	8월11일	고로1~콩고르디아(4,600m)
16	8월12일	콩고르디아~브로드피크 베이스캠프~K2 베이스캠프(5,000m)
17	8월13일	K2 베이스캠프~콩고르디아(4,600m)
18	8월14일	콩고르디아
19	8월15일	콩고르디아
20	8월16일	콩고르디아~가셔브럼1,2 베이스캠프(5,170m)

21	8월17일	가셔브럼1,2 베이스캠프~콩고르디아
22	8월18일	콩고르디아~우루두카스(4,050m)
23	8월19일	우루두카스~빠유(3,450m)
24	8월20일	빠유~고로폰(3,000m)
25	8월21일	고로폰~아스꼴리~스카르두
26	8월22일	스카르두
27	8월23일	스카르두~타리싱(3,000m)
28	8월24일	타리싱~루팔 베이스캠프~타리싱
29	8월25일	타리싱~페어리메도우
30	8월26일	페어리메도우
31	8월27일	페어리메도우~미나핀
32	8월28일	미나핀~훈자
33	8월29일	훈자
34	8월30일	훈자
35	8월31일	훈자
36	9월01일	훈자
37	9월02일	훈자~비샴
38	9월03일	비샴~이슬라마바드
39	9월04일	이슬라마바드(출국)
40	9월05일	인천공항 도착!

K2 발토르 트레킹 개념도

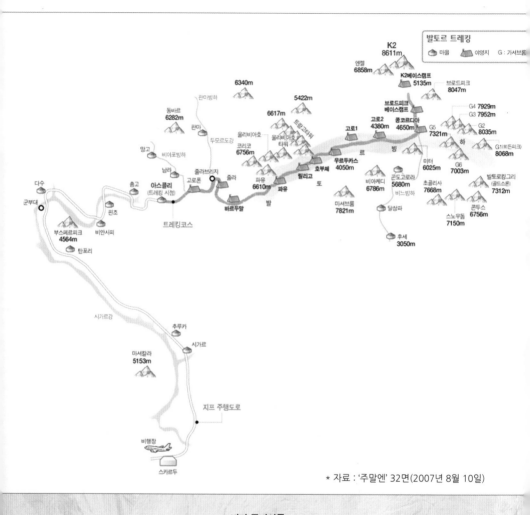

발토르 트레킹
☁ 마을   🏕 야영지   G : 가셔브롬

K2 8611m
엔젤 6858m
K2베이스캠프 5135m
브로드피크 8047m
6340m
5422m
브로드피크베이스캠프
고로2 4380m
콩코르디아 4650m
G4 7929m
G3 7952m
G5 7321m
G2 8035m
고로1
6617m
트랑고타워
동바르 6282m
판마
란디빙하
울리비아오
울리비아호
타워
빙
하
G6 7003m
G1(히든피크) 8068m
두모르도강
울리비아호 6756m
코리코 6756m
우르두카스 4050m
미터 6025m
망고
비아포빙하
호부체
발토로캉그리(골드스톤) 7312m
닐라
줄라브리지
비아케디 6786m
초골리사 7668m
다수
송고
아스콜리(트레킹 시점)
고로폰
줄라
파유 6610m
군도고로라 5680m
비느빙하
군부대
핀초
바르두말
발
파유
미서브롬 7821m
스노우돔 7150m
콘두스 6756m
부스페르피크 4564m
비안사피
달상파
트레킹코스
탄포리
후세 3050m
시가르강
추루카
시가르
마세칼라 5153m
지프 주행도로
비행장
스카르두

* 자료 : '주말엔' 32면 (2007년 8월 10일)

비자 구비서류

1. Visa Application Form
2. 여권(최소 6개월 이상 유효 여권)
3. 여권 사본
4. 여권용 크기 사진 2장
5. 영문 여행일정표(비행기 및 여행 일정포함)
6. 비행기표 예약증(필수 아님)
7. 호텔 예약증(초청장)
8. 영문 재학증명서 또는 재직증명서(사업자인 경우 사업자등록증 사본) /
   무직일 경우 주민등록등본 1통(원본)